はじめてでもできる
バイク・メンテナンス
&洗車
最新マニュアル
太田 潤 著

Contents

はじめてでもできる
バイク・メンテナンス&洗車
最新マニュアル

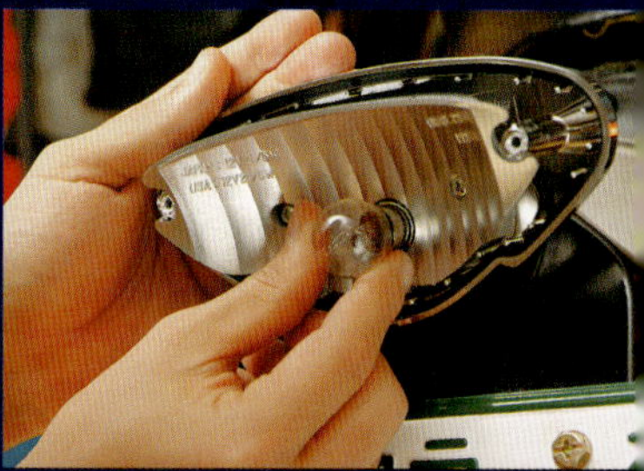

PART 4

電気系のメンテナンス

PART 6

診断チャート付き トラブル解決法&工具について

PART 5 車体系のメンテナンス

ビギナーのための バイクのメカニズム基礎講座

Motorcycle Mechanism basic knowlege for beginner

column for BEGINNER

初心者のためのメンテナンス・コラム

走行距離によるメンテナンス早見表

START

1,000km

3,000km

5,000km

経過時間によるメンテナンス早見表

START

1ヶ月

3ヶ月

6ヶ月

MFバッテリーの点検……090
ステアリングの点検……106
リアサスペンションの点検……110
ディスクブレーキの点検……112
ホイールの点検……146

6,000km

オイルフィルターの交換……062
空冷エンジン冷却フィンの点検……064
フロントサスペンションの点検……108

10,000km

プラグ交換……087
ディスクブレーキのパッド交換……116
ブレーキフルード（オイル）の交換……122

15,000km

ドラムブレーキのライニング交換……128

20,000km

フューエルコック＆ホースの点検……074
スプロケットを点検する……136

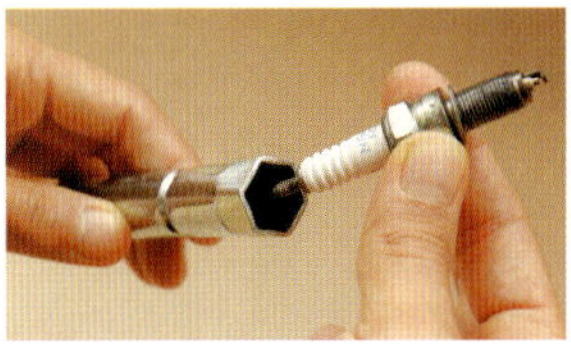

ステアリングの点検……106
フロントサスペンションの点検……108
ディスクブレーキの点検……112
ホイールの点検……146

12ヶ月

オイルフィルターの交換……062
乾式エアクリーナーの点検……070
プラグの点検……084
リアサスペンションの点検……110

24ヶ月

フューエルコック＆ホースの点検……074
ブレーキフルード（オイル）の交換……122
スプロケットを点検する……136

Attention!

このページの「走行距離」と「経過時間」による早見表は、あくまでも一般的な目安です。バイクの種類や特性、また、使用状況や気候などによって異なる場合もあります。バイクメーカーの整備手帳などがあればそちらを参照してください。

本書の使い方と注意事項

本書の内容は、バイク・メンテナンスの初心者を意識して制作されております。また、本書に記載されたメンテナンスのサイクルや方法はあくまで一般論であり、各車種に合わせた修理・点検時期や方法を優先してください。
なお、点検や修理は各人の責任においてお願い致します。自信がない場合は無理をせず、バイク販売店や専門店にご相談ください。異常を感じたら早めに相談することをおすすめします。

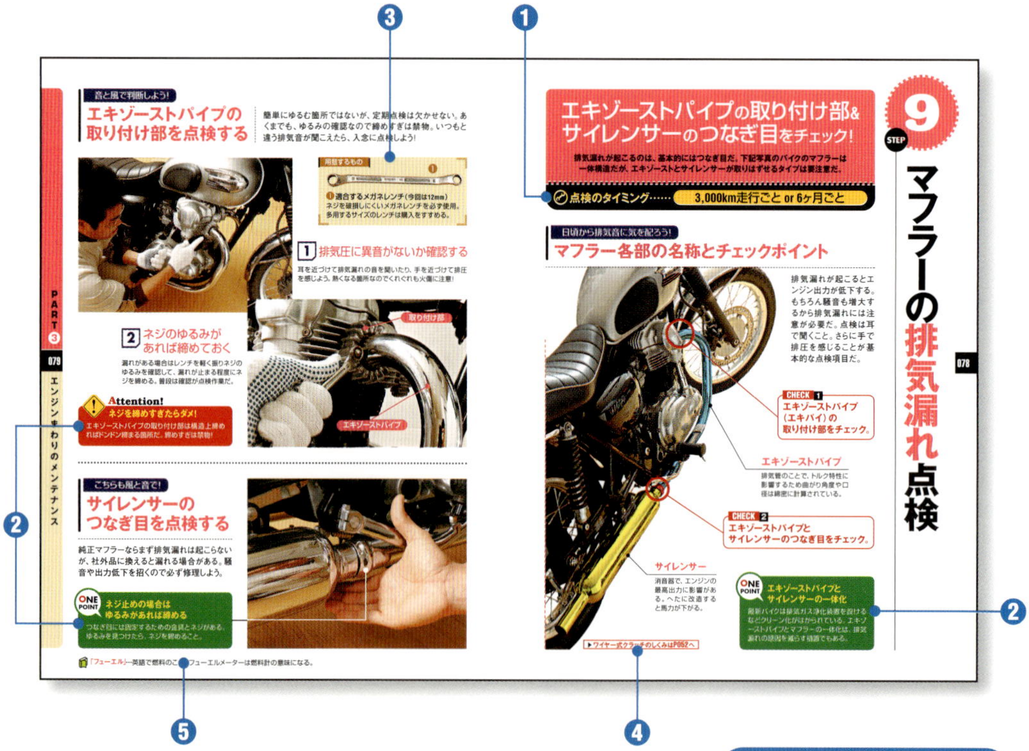

本書を読むコツ

❸用意するもの

その作業に必要な工具や材料です。ケミカル用品その他は製品によって使用法が異なる場合があるので、必ず製品説明書をお読みください。

❹関連ページのリンク

記事に関係のある別ページを紹介。参照してみてください。

❺そのページ内の用字用語の解説

難解な用語は、なるべく本文中で説明するようにしていますが、漏れたところは脚注で解説しています。

❶点検や交換のタイミング

各STEPに、点検・交換時期の目安を記載。全体のメンテナンス早見表は、006〜007ページをご参照ください。

❷ワンポイント・アドバイスや注意点

「ONE POINT」には作業へのアドバイスを、「ATTENTION」はとくに強調したい注意点が書かれています。また他に「STEP UP」には、ワンステップ上の知識やアドバイスが記載されています。

※本書のデータや記述などは2008年7月現在のものです。

PART 1

始業点検&ライディングポジションの調整

二輪免許を取って、待望のバイクを手に入れたら、
できるだけ長く、楽しく、親しくつき合っていきたい。
さあ、メンテナンスを通じて愛車と対話をはじめよう!

STEP 1

バイク各部の名称

メンテナンスの前に各部の呼び方を覚えよう！

知ってるつもりでも、勘違いや誤解が多いのが各部の名称だ。メンテナンス部位を正確に指摘したり、パーツ購入時に混乱しないためにも、ここでもう一度確認しておこう。

日頃からコツコツ覚えたい！

名前を知ることがメンテナンスにつながる

ここでは各部の名称に合わせて、それぞれの具体的なメンテナンス方法を紹介するページのインデックス（索引）が併記してある。気になる箇所があれば、すぐに調べてみよう。

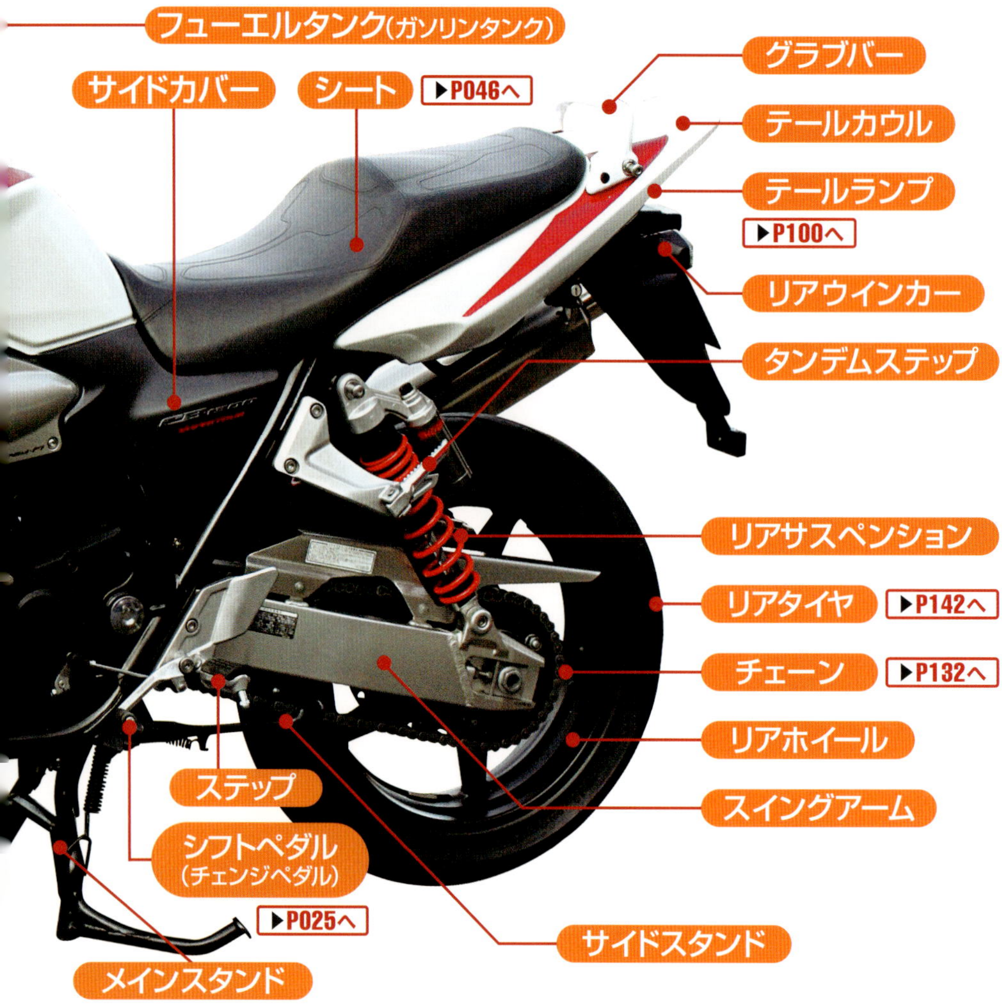

クラッチ&トランスミッション
(変速機構)
インジェクション
(またはキャブレター)
エンジン
▶P058へ
(サイレンサー)
(エキゾーストパイプ)
マフラー
▶P078へ

バックミラー
▶P017へ
▶P013へ
メーター
▶P098へ
ヘッドライト
▶P102へ
フロントウインカー
▶P103へ
ホーン
▶P108へ
フロントフォーク(インナーチューブ)
フロントフェンダー
▶P065へ
ラジエター
シリンダーヘッド
フロントフォーク
(アウターチューブ)
ブレーキディスク(ローター)
フロントタイヤ
フロントホイール
ブレーキキャリパー
▶P112へ
シリンダー
クランクケース
エキゾーストパイプ

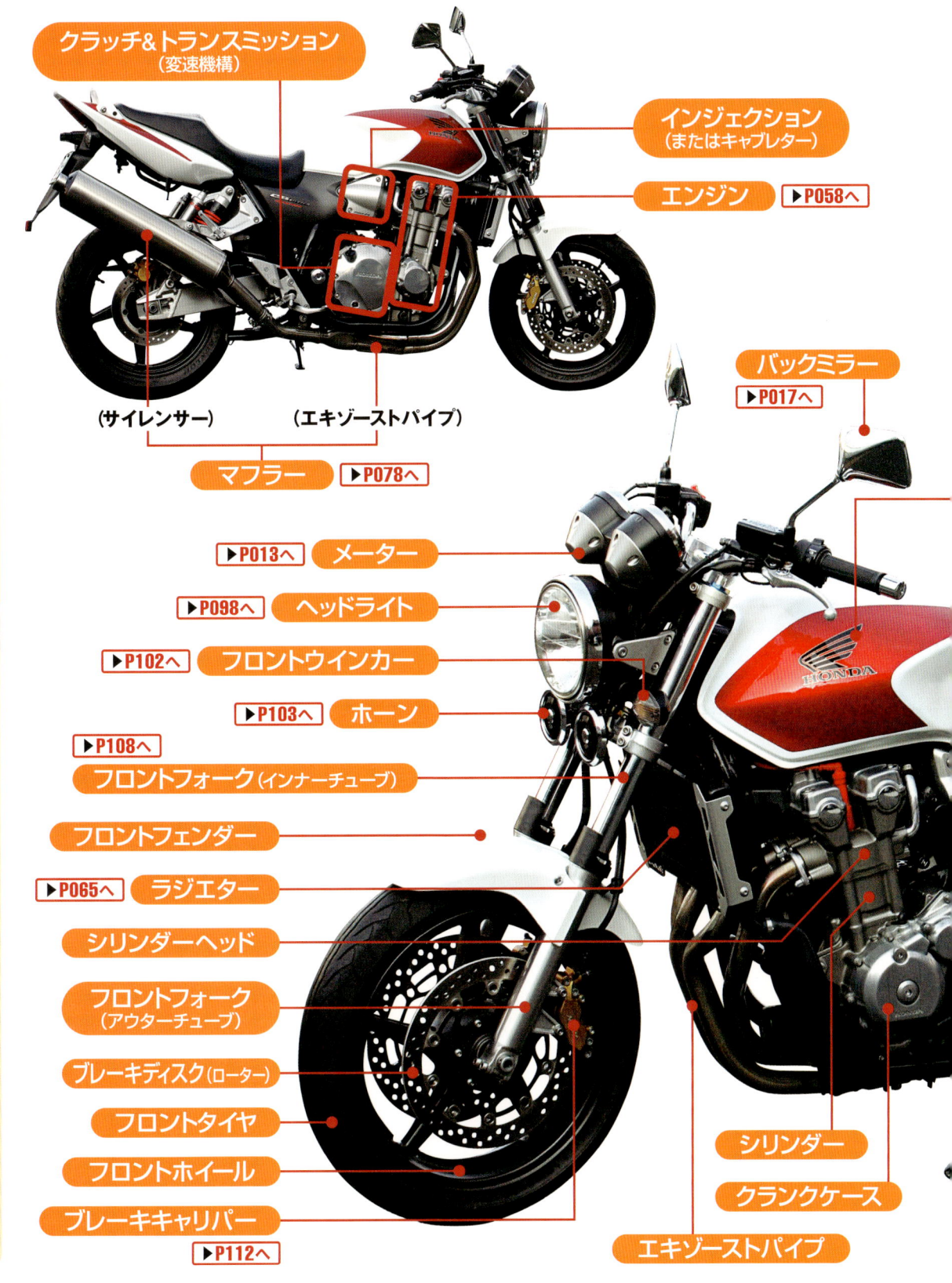

きれいに磨きながら覚えよう!

エンジンまわりの名称

ここではエンジンまわりに注目して各部名称を正確に覚えよう。意外に誤解していることが多いのが、シリンダーヘッドとヘッドカバーの違い。ここは確実に覚えておこう。

操作系の機能が集中している！

ハンドルまわりの名称

技術の進歩で、自動車並みになってきたバイクのメーターまわり。バイクの状態や不調を知らせる各種の警告灯をチェックすれば、大きな故障を未然に防ぐことにもつながる。

インジケーターランプ

❶ヘッドライトがハイビームのときに点灯する。
❷ニュートラルランプ（ギアがニュートラル時に点灯）。
❸水温計（水冷式エンジンの冷却水が過熱すると点灯）。
❹エンジンオイルの油圧が適正値に満たないときに点灯。
❺電子制御式パーツの異常を警告（ホンダ車の場合）。

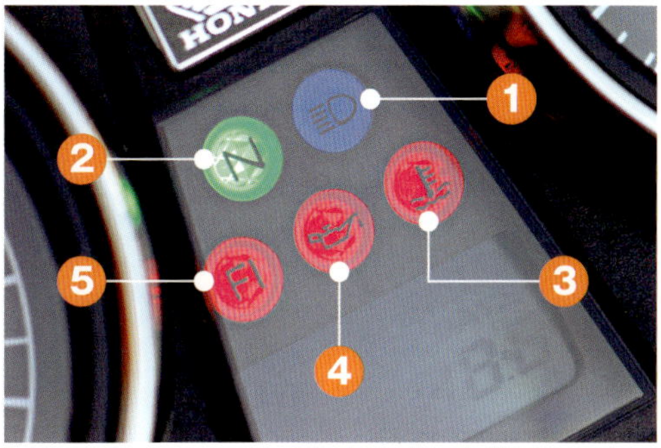

フューエルメーター

燃料計のこと。表示記号のE=EMPTY（なし）、F=FULL（満タン）の略。早めの給油を習慣にしよう。

オドメーター

総積算走行距離計のこと。新車からの累計走行距離を表示する。勝手に距離を戻すことは違法行為だ。

トリップメーター

任意に計測できる走行距離計。燃費計算やメンテ時期を測ることにも利用できる。複数装備のバイクもある。

STEP 2 始業点検のポイント

おでかけ前の点検でトラブルを未然に防ぐ！

走行中に起こるトラブルの大部分は、基本的な点検を怠ったために発症する。ここでは点検項目を13項目にまとめてみた。慣れれば数分で済むので、乗車前の習慣にしよう。

点検のタイミング……　出かける前に行なうこと

走り出す前に備えあれば憂いなし
13のポイントをチェックしよう！

法律に定められている始業点検に準じて、点検項目と方法を紹介しよう。慣れれば目視で完了する箇所もあるから、面倒でも必ず実行して欲しい。もちろん安全にもつながる。

CHECK 02 ガソリン残量を確認する

フューエルメーターが装備されていれば、それを確認してもいいが、ない場合は燃料タンクキャップを開けて確認する。メーターを確認するよりも確実だ。

CHECK 01 インジケーターランプ＆フューエルメーターの確認

イグニッションスイッチを回すと一瞬すべて点灯する（ハイビームランプは、ハイビームになっている場合）。ランプの警告が続いたら表示箇所の点検が必要だ。

ONE POINT フューエルコックの場合

燃料計がない車種は燃料コックがついており、ONになっているか確認する。RES（予備）やPRI（直通）の位置だとガス欠につながる。

オン　リザーブ

「フューエル」…英語で燃料のこと。フューエルメーターは燃料計の意味になる。

CHECK 03 タイヤを点検する

定期的にエアーゲージで空気圧を測っていれば、始業点検では指で押す確認が可能。タイヤに刺さる異物チェックも忘れずに。

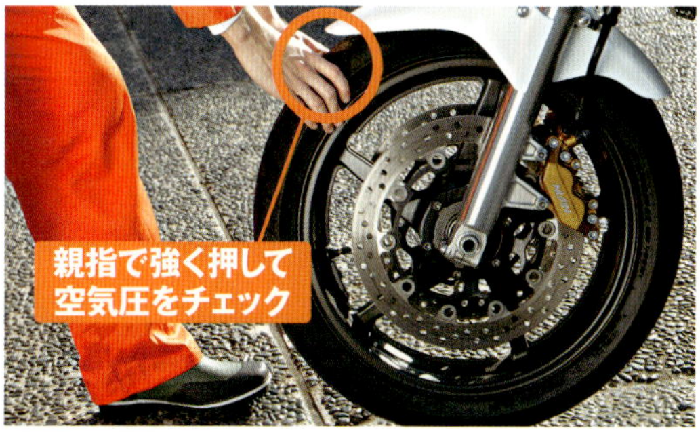

▶エア漏れはP142へ、パンクはP156へ

CHECK 04 チェーンの張り具合を点検する

車種に適正な遊びがあるかを確認する。同時にチェーンに油分があるかも確認しよう。問題があれば調整・注油を行なうこと。

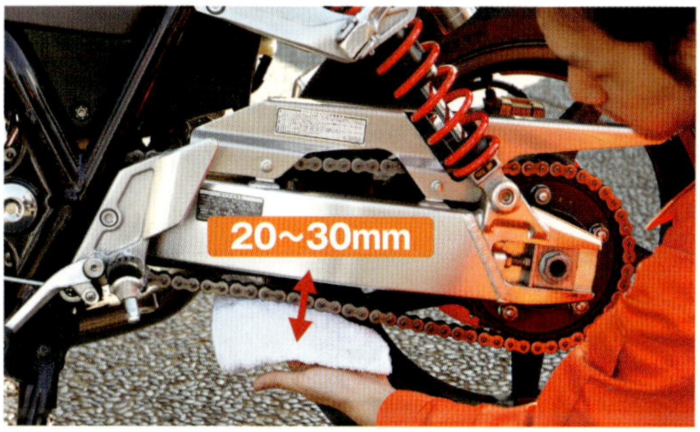

▶チェーンの注油はP050へ、調整はP132へ

CHECK 05 ブレーキフルード（オイル）量をチェックする

基本的にブレーキフルードは減るものではない。漏れがなく減っていたらブレーキパッドの摩滅が考えられる。入念に点検し、必要があれば交換する。漏れは事故につながるのですぐ修理すること。

▶ブレーキフルードの交換はP122へ

CHECK 06 エンジンオイル量を確認する

4ストローク車は左側写真のアッパーライン付近にあれば正常。不足していたらアッパーライン付近まで補給し、汚れが著しい場合は交換。2ストローク車はオイルの残量を確認しておこう。

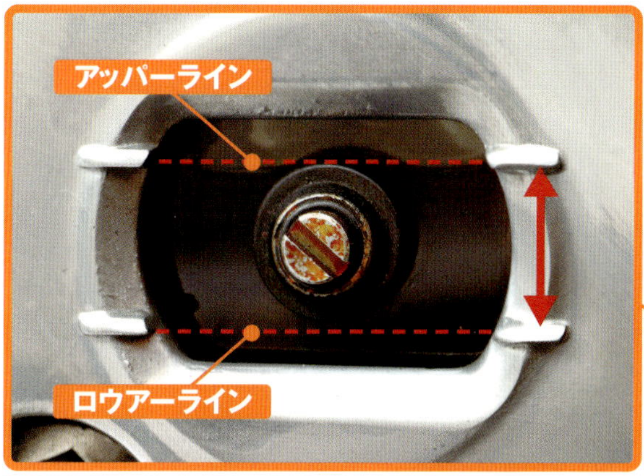

▶詳細はP058へ、エンジンオイルの交換はP060へ

CHECK 09 ウインカーの点滅を確認する

左右にスイッチを切り替えて、点滅すればよい。1つ球切れがあると、同方向のもう片方は点灯するが点滅しなくなる。前後とも点滅しない場合は、ウインカーリレーの故障も考えられる。ウインカーリレーの交換は専門店に依頼しよう。

▶ウインカーのバルブ交換はP102へ

CHECK 07 ヘッドライトの点灯を確認する

写真のようにヘッドライトに手をかざせば、乗車したまま点検できる。同時にハイビームの点灯も確認しておこう。

▶ヘッドライトのバルブ交換はP098へ

CHECK 08 テールランプ&ストップランプの点灯を確認する

手をテールランプにかざし、ブレーキペダルを踏んだりレバーを握って点灯を確認する。同時に点灯タイミングも確認しよう。

▶テールランプのバルブ交換はP100へ

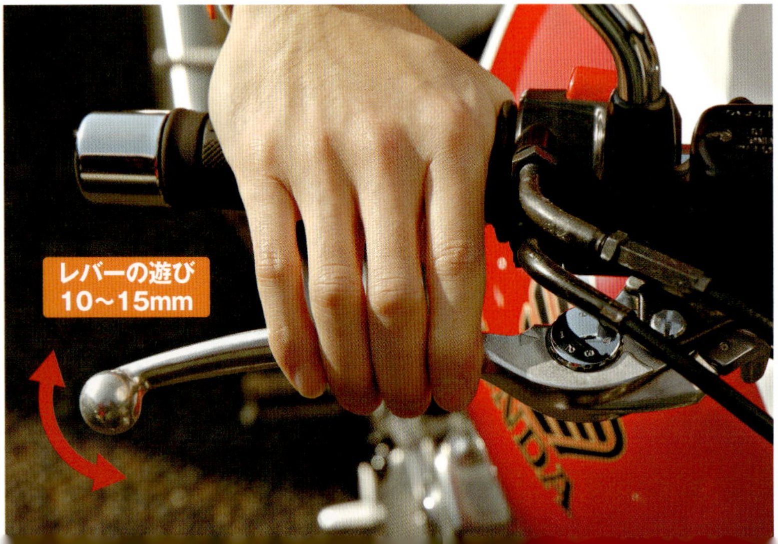

CHECK 10 ブレーキレバー&クラッチレバーをチェック

各レバーの遊び（レバーを握っても反応しない余裕のこと）を確認する。クラッチレバーに遊びがないとクラッチのすべりにつながるので注意しよう。またブレーキレバーは、強く握ったときに握りしろが残っているかも確認しよう。

▶ブレーキ&クラッチレバーの調整はP022へ

CHECK 13 ラジエターのリザーバータンクの水量をチェックする

水冷エンジン限定だが、忘れることが多いので注意が必要だ。エンジンが冷えている状態で、アッパーライン付近にあれば問題ない。

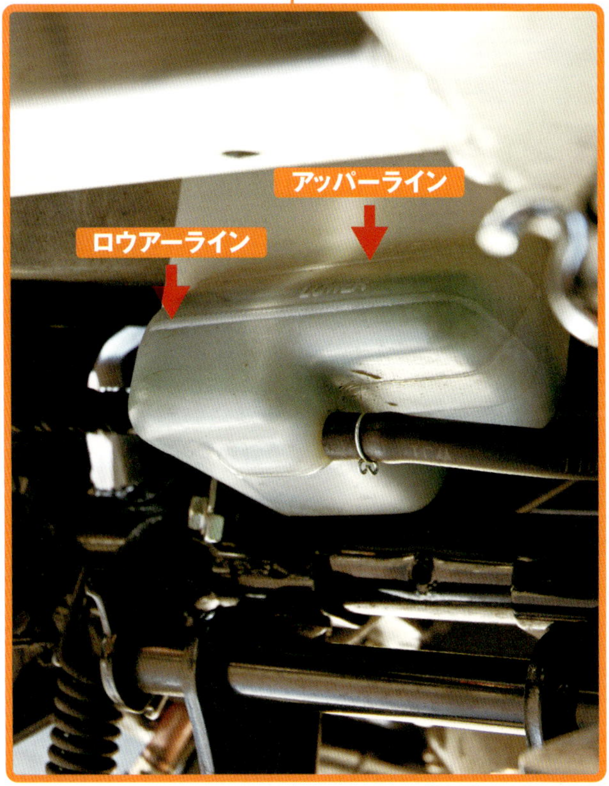

▶詳細はP066へ

Attention!

必ずクーラント液(冷却水)を使おう!

リザーバータンクに補給する場合、水を使うとエンジン内部に腐食が起こるので水は厳禁! また最低でも5年に1度は交換しよう。

CHECK 11 ブレーキペダルをチェック

ペダルの踏みしろを確認する。普段と違う感覚がある場合は点検が必要だ。また同時にストップランプの点灯タイミングの確認も忘れずに行なおう。

▶ブレーキペダルの調整はP024へ

CHECK 12 バックミラーの調整

正しい乗車ポジションで後方確認できるように調整(車種にもよるが1/3〜1/4くらい上腕部を映し込み、後方路面を遠くまで見通せる角度を参考に)。

▶大きな調整はP023へ

STEP 3
ライディングポジションを決める

正しい乗車姿勢を取って違和感があれば調整しよう!

メンテナンスの目的は、快適にバイクを走らせるためだが、まずは自分のライディングポジションが正しくできていないことには何もはじまらない。

新車購入時に必ずやっておきたい!

正しいライディングポジションの取り方

間違ったポジションは疲労の原因になる。また腰が引けていたり、肩に力が入ったポジションはバイクがふらつく原因にもなって危険だ。正しい姿勢で人車一体のライディングを目指そう!

1 ステップに立ち上がる

バイクのスタンドをかけたら(できればセンタースタンドが好ましいが、ない場合は誰かに支えてもらおう)、ステップを土踏まずの位置で踏んで立ち上がり両腕を前方に水平に伸ばす。

▼

2 そのままストンと座る

ステップに体重をかけたままシートに腰をおろす。これが自分の腰の位置になるので、体で覚えておこう。ガソリンタンクを膝ではさんだり、かかとでフレームをはさんで、違和感のないポジションを探そう。

▼

3 ハンドルに手をそえる

軽く上体を前傾させながらハンドルに手をかけ、アクセルを握ってみよう。ひじが軽く曲がっていれば正しいライディングポジションだ。もしひじが伸びきっていたり、曲がりすぎる場合は、腰を少し前後にずらして快適な位置を探そう。

4 お尻を前後にずらして微調整しよう

これが正しいライディングポジションだ。モデルのライダーは腰を少し前に移動することで最適なポジションが得られた。自分の体格に合わせよう。

Step up!

お尻の位置が決まらないときは、そっと手を離してみるべし!

ライディングポジションの基本は腰の位置だ。シートに乗せたお尻だけでなく、ひざでタンクをはさむニーグリップと、かかとでバイクをはさんで体を安定させよう。腕はハンドルにそえる程度で、リラックスさせよう。

ハンドルを握ったとき、手首、ひじ、肩に力が入らないよう腰の重心と、ニーグリップ(燃料タンクを両ひざで軽くはさむ)で身体を安定させよう!

正しいポジション取りの要となる!

ハンドルの位置を調整する

正しいライディングポジションを取ったのにハンドル位置に違和感がある場合は、ハンドルの位置を調整しよう。ちょっとした微調整でもポジションが変化し、効果が大きい。

ハンドル位置が低い場合

手首がそり返っている

手首が返りすぎていて微妙なアクセルコントロールができない。また、このポジションでは肩にも力が入ってしまい疲労が著しいばかりでなく、バイクの操縦がうまくできなくなる。

ハンドル位置が高い場合

手首が伸びてひじも伸びている

手首が自然に返っていない。手首が伸びきっていると繊細なアクセルコントロールができない。またひじも伸びきっていてバイクの振動を直接体に伝えてしまうので疲労が増し操縦性も悪化する。

ハンドル位置の調整はトップブリッジにある4本のロックナットをゆるめて行なう

ここでは、一般的なバーハンドルを例に調整方法を紹介しよう(調整できないセパレートハンドルもある)。

用意するもの

1 千枚どおし
ロックナットカバーをはずすのに使う。尖ったものなら他でも代用できる。

2 6角レンチ
車載工具にあるが小さくて使えないこともある。長い6角レンチがオススメだ。

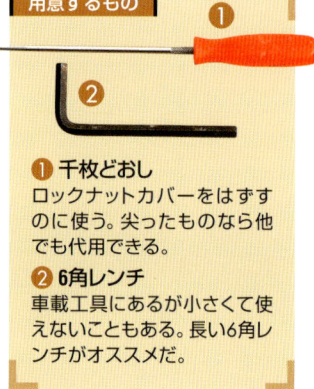

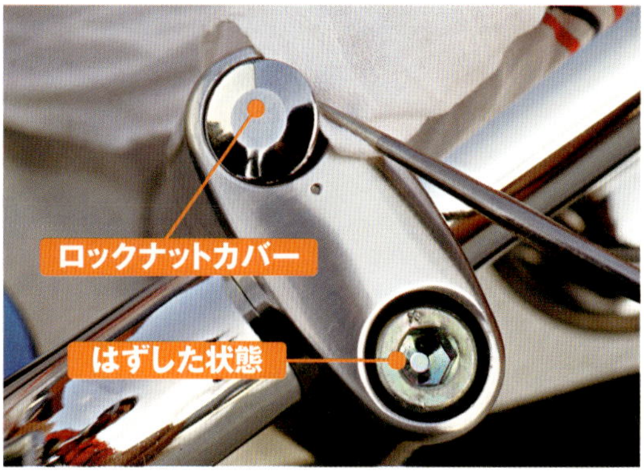

1 ロックナットカバーをはずす

千枚どおしなど細いものを使ってロックナットカバーをはずす。傷がつきやすいので、布などをあてながらそっとはずそう。

▼

2 ロックナットが現れる

トップブリッジの素材は、アルミが多く傷つきやすい。短気を起こさず慎重に、4つのロックナットカバーをはずそう。

3 ロックナット4本をゆるめる

次にロックナットをゆるめよう。完全にはずさなくてもいい。少し力を入れたらハンドルが動く程度にゆるめるのがコツだ。

▼

4 ハンドル位置を決めよう

ハンドルに軽く力を加えて上下させ、自分に最適なポジションを探す。ロックナットをゆるめすぎると作業しづらくなる。

ONE POINT

ゆるめるとき&締めるときは対角線状にやろう!

ハンドルトップブリッジに限らず、ナットが多角形に並んでいる場合は対角線状にゆるめたり締めたりするのが基本。またハンドルはかなりきつく締まっているが、締めすぎには注意してネジを破損しないようにしよう。

ダイヤル式なら押しながら回すだけ!

クラッチ&ブレーキレバーを調整する

クラッチレバーは自分が操作しやすいように適正な遊びを確保することが肝心。ちなみにブレーキの調整は、強く握ったときグリップとの間に指2本分のすき間が残るようにする。

遊びは10〜15mm

クラッチレバーの調整は、適当な遊びと、クラッチがつながる位置がポイントだ。手が小さい人は遊びが少々多くても構わない。

10〜15mm

ダイヤルを回すことで
遊びの幅を調整する

ダイヤルを回す
レバーを開ける

レバーを押した(開いた)状態で ダイヤルを回せば遊びが調整できる

クラッチレバーを握ったときクラッチが完全に切れるように調整することが前提だ。停車した状態でエンジンを始動し、ローギヤからニュートラルに軽く入るようなら大丈夫。ブレーキは、強く握ったとき、ストッパーに当たる(グリップにレバーがついてしまう)ようでは危険。必ず握りしろを確保しよう。

▶ワイヤー式クラッチのしくみはP052へ

Step up!

ネジで遊びを調整する車種もある!

ワイヤー式クラッチのバイクはネジを回して遊びを調整する。ロックと調整(アジャストスクリュー)の2つのナットで調節する。

ナット2本をゆるめて行なう!

レバーの位置を調整する

レバーの位置はライディングポジションを決めてから行なう。微妙な違いでも乗り味には大きく影響するから手抜きは禁物だ。

用意するもの

❶ メガネレンチ
作業は必ずメガネレンチを使おう。レンチの中間あたりを握り、締めすぎは禁物。

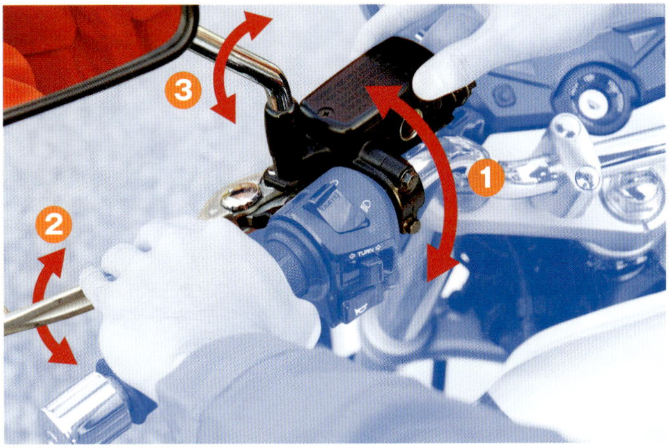

取り付け部のロックナットをゆるめる

左写真❶の向きを変えると、同時に❷❸も動くので調整できる。❶を強く回すと動く程度に締めると転倒時のレバー損傷が軽くなる。

ミラーアームの根元を動かす!

バックミラーの大きな調整

前述のとおり、レバーの位置とミラーは連動しているから、レバー調整で見にくくなった場合は必ず調整しておこう。

2つのロックナットをゆるめて調整する

レンチとスパナを使ってロックをゆるめて作業するが、逆ネジもあるから注意。見やすい位置に調節する。

キャップがある場合ははずす

用意するもの

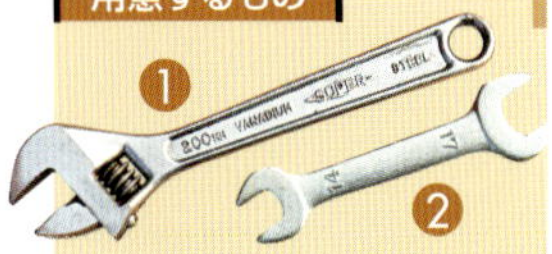

❶ モンキーレンチ
口径が調節可能なレンチ。

❷ スパナ
オープンレンチとも呼ぶ。

ONE POINT

スイッチボックスの角度を調整する

ハンドル調整後にスイッチ類が操作しにくくなったら調整するが、ロックポイントがあり微調整しかできない。無理に動かして破損しないように。

下部のネジをゆるめる

「逆ネジ」…締めとゆるめが通常と逆のネジ。転倒した場合など、左右のミラーとも付け根が内向きに回れば損傷が少なくて済むので逆ネジが採用される。

踏んだときのタッチを適正にしよう!

ブレーキペダルを調整する

ブレーキペダルの踏み加減もライダーの体格の違いで異なるのは当然だ。自分が使いやすい位置に調整して快適・安全に使おう!

用意するもの

❶ スパナ
ここは車載工具で充分に間に合う。今回使ったのは12mm。

1 ブレーキペダルの付け根のロックナットをゆるめる

先にロックナットをゆるめてから調整ナットで調節する。スパナは1丁で間に合うだろう

2 調整ナットを回して遊びを調整する

ここにストップランプスイッチが連動している車種は点灯のタイミングに注意。またブレーキの効きっぱなしに注意する。強くペダルを踏んだときストッパー(それ以上踏めない&遊びが大きすぎブレーキが効かない箇所)に当たらないように!

履き物が変わればタッチが変わる!

チェンジペダルを調整する

チェンジペダルの位置が自分のポジションに合っているとシフトミスが激減する。安全にもつながるので必ず実行しよう。

用意するもの

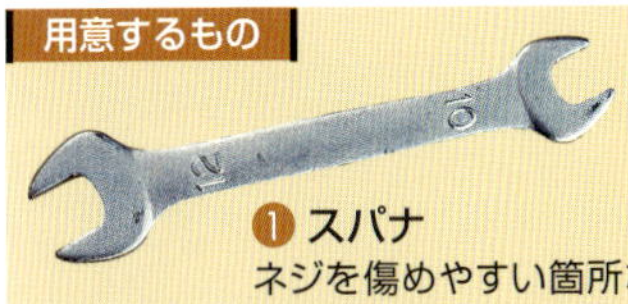

❶ スパナ
ネジを傷めやすい箇所なので高精度のスパナを選択しよう。

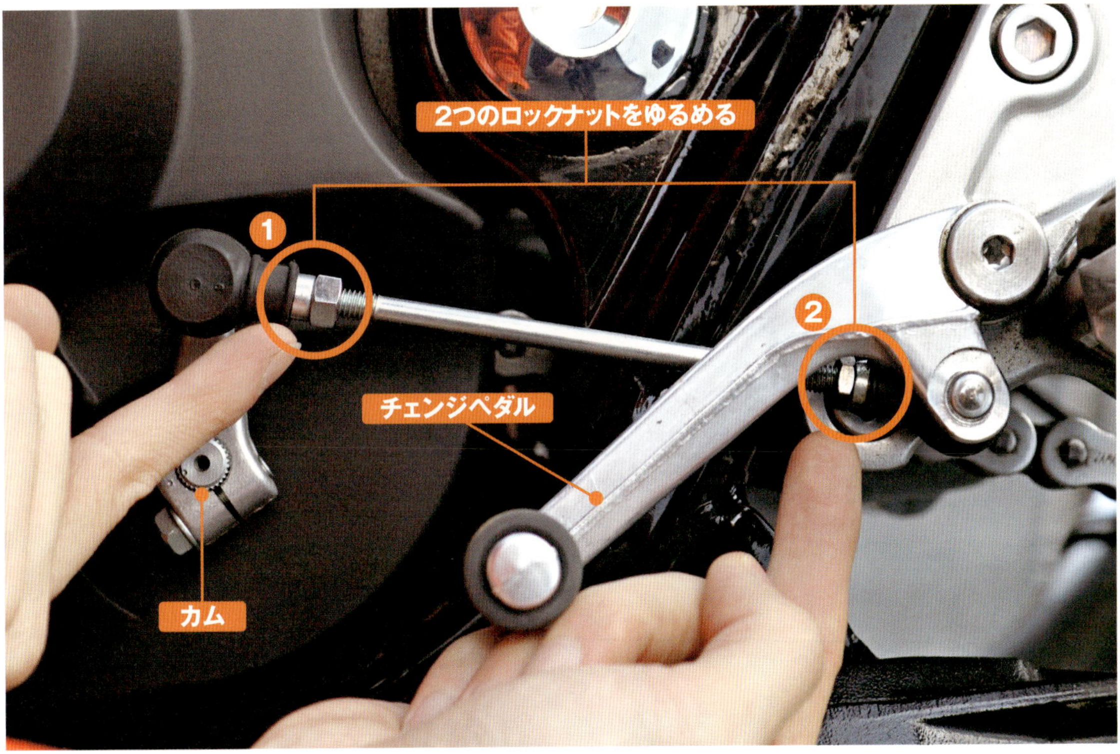

▼

1 ❶と❷のロックナットをゆるめる

2つのリンクを結ぶシフトロッドのロックナットは、片方が逆ネジの場合もあるので、注意しながらゆるめること。なお、リンクがないタイプはカムの位置を変えて調整する。

2 シフトロッドを回して調整する

ロックナットをゆるめたら、指先でシフトロッドを回してペダルが好みの位置にくるように調節する。試運転をしながら作業しよう。

ONE POINT

❷のロックナットをゆるめるコツ!

ロックナットがチェンジペダルに隠れて作業しにくい場合は、ペダルを持ち上げながらやると簡単だろう。

Column for BEGINNER

新車購入時、初めての失敗談!?

新車だってガソリンがなければ走らない。運よく近所でガソリンを入手できればよいのだが……

ガソリンを入れよう!!

新車を購入し待望の納車日がやってきた。待ちわびた新車を見つめるオーナーは興奮気味。バイク屋さんがしてくれる取扱説明や注意点などが上の空になるのは当然だが……。その中にとても大切なことを聞き逃してしまった人がいた。「新車にはガソリンが少ししか入っていませんから、必ず最寄りのガソリンスタンドで給油してください」新車には少量のガソリンしか入っていないのは普通だが、バイクはガソリンがなければ走らない。それは新車であっても同様なのだ。

快調に走り出す新車に浮かれ帰宅予定だったがツイ遠出してしまったらしい。給油のことなど忘れて……。結果は見事なガス欠。今出発したばかりのバイク屋さんに頼んでガソリンを運んでもらったそうだが、新車はスグに給油を実行すべきなのだ。

また、新車の初給油に軽油を入れてしまった人もいる。価格が安いから入れたそうだが……。

高性能エンジンのバイクには、レギュラー指定でも私的にはハイオクを給油することをすすめる。

PART 2

洗車&ボディコーティング

エンジンをはじめ、パーツがむき出しのボディ。
自分の磨き方は正しいか？　ふと迷いが生じることも。
輝き維持の基礎テクニックから錆び落としまで一挙掲載。

納車の直後にやること&輝きを長持ちさせるテクニック!

待望の新車! 舞い上がる気持ちを抑えて、やるべきことは確実にやっておこう。どれも簡単なことだが、これだけでも快適バイクライフが長続きするはずだ。

点検のタイミング…… 新車購入時

STEP 1

新車購入時のメンテナンス

意外と忘れがち!?

ガソリン残量をチェック

納車時のガソリン残量は新車整備の残りが入っている程度だ。ガス欠になる前に最寄りのガソリンスタンドで必ずガソリンを給油しよう。

Attention!

任意保険の切り替えを忘れずに!

嬉しさのあまり、つい忘れてしまうのが任意保険の切り替えだ。代替えの場合は必ずやってから乗り出そう。初めての購入なら、任意保険加入が肝心だ。

納車されたらやっておきたい!

乗りやすいように各部を調整する

ハンドル、レバー、ペダルの位置は平均的体型に合わせてある。納車時に販売店のアドバイスを受けながら行なうのもいいが、少し乗ってから自分の体型に合わせて調整しよう。

1 ハンドルの調整

2 レバーの調整

3 ペダルの調整

▶P020～025へ

新車の輝きを長期維持する!

超簡単ボディコーティングのすすめ

シリコンスプレーするだけの超手軽な方法だ。塗装面だけではなく、手が入りにくい場所にも吹けるから、新車にやっておけば防錆(ぼうせい)効果も期待でき、洗車も簡単になるだろう。

最速コーティング術

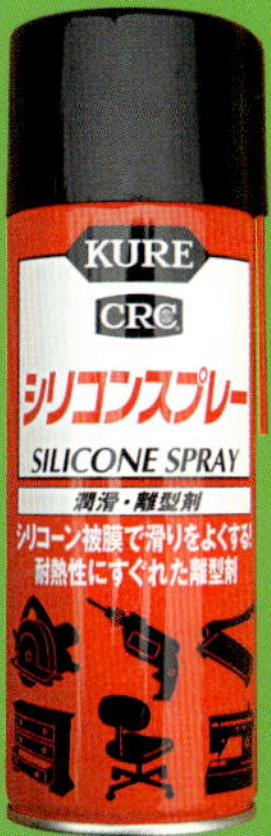

シリコンスプレーを使う方法

比較的安価でもあるシリコンスプレーを使おう。ちなみにCRC-5-56は用途が違うので使用不可。

エンジンに吹きかけてもOK!

Attention!

ただしブレーキディスクとタイヤに吹いてはダメ!

すべりをよくする性質があるシリコンスプレーなので、すべって困る場所への使用はやめよう。とくに、すべると危険なタイヤとブレーキディスクへの噴霧は厳禁だ!

Step up!

「下地づくり」が不要な新車だからこそ、本格的なボディコーティングをすすめます!

ここでは簡易的方法を紹介したが、ぜひ本格的なコーティングを施そう。コーティングの極意は下地づくりで、塗装がきれいな新車はその手間がはぶける。

▶具体的な方法はP034へ

STEP 2
洗車はメンテナンスの基本

バイクをきれいにしながら異変を察知しよう!

洗車は必然的にバイク各部に触れる。そのことで普段気づかない錆びの原因になる傷や不具合を発見できる。トラブルの早期発見・修理はもっとも大切だと心得よう。

一石二鳥の効用あり

こまめな洗車でマシンの細部をチェック!

洗車は汚れたら行なうのが普通だが、定期的に洗車をすればバイクをきれいにするだけでなく、メンテナンスにつながる。洗車と同時に各部のチェックを必ず実行しよう。

用意するもの

① **セーム皮**
鹿皮のことだが合成皮革も多い。吸水性が高く使いやすい。

② **拭き取り専用タオル**
吸水抜群、最新の拭き取りタオルがあればセーム皮は不要。

③ **ウエス(布や雑巾)**
汚れたオイル部などの拭き取りに使う。ボロ布類で充分だ。

④ **洗車スポンジ**
おもに塗装面の洗浄用。やわらかいスポンジがのぞましい。

⑤ **食器用洗剤**
ボディに付いた油分を落とす洗剤。薄めて使うのが基本だ。

⑥ **多目的環境洗剤**
これも油分を落とすのに使う。食器洗剤では落ちない汚れ用。

⑦ **洗車ブラシ**
手を入れにくい部分の洗浄用。小型の方が使いやすいだろう。

⑧ **バケツ**
洗剤を50〜100倍に薄めて泡立てるときに使おう。

ONE POINT

キーを抜いておく!

イグニッションキーは水を誘うので洗車のときは抜いて水の侵入を防止。

フェンダーの内側も洗う!

ラジエターも洗おう!

1 水で洗い流す

バイクのパーツをはずしていなければ、水をかけても大丈夫。ラジエターやエンジンのフィンには強い水圧が必要だが、前方からかければ安心だ。

上から下へと洗う

▼

2 洗剤でしっかり洗う

水で埃や泥汚れを落とし、スポンジに洗剤の泡を付けて洗おう。とくに塗装面は優しく。強くこするのは禁物だ。乾拭きで仕上げよう。

スポンジにつけて使う

洗剤は水で薄めて泡立てて使おう!

洗いにくい箇所はブラシで!
しつこい汚れは環境洗剤で!

▼

3 水で洗い流す

ここでも上から下へ流すのが基本です!

4 乾拭きで 完成

STEP 3

ボディコーティングの下地づくり

ボディコーティングの前に下地をつるつるに磨き上げる!

ボディコーティングというと何かを塗る行為だと思いがちだが、コーティングの極意は下地づくりにある。そこで、まずは塗装面をツルツルにする方法を紹介しよう。

フューエルタンクやカウルに施す

塗装面をコーティングするための準備

塗装面を手の平で触って、つるつるに感じたらその塗装面は正常な状態だと判断できる。しかし、ざらついた感触ならば下地を整えよう。水アカなどで汚れている場合も同様だ。

1 水をかけながらトラップ粘土で鉄粉やゴミなどの異物を取る

まず洗車で汚れを落としてからはじめる。塗装面がざらつく原因は大気中の鉄粉が塗面に刺さっているからだ。粘土を使い、少しずつ優しくこすって取り除こう。

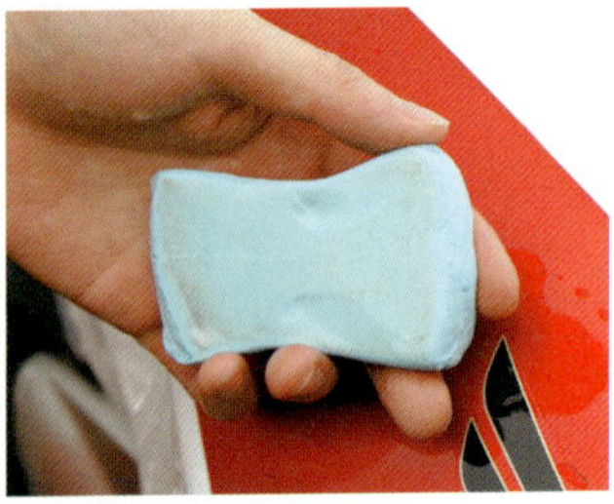

トラップ粘土が汚れたら

折りたたんで新しい面を使おう

用意するもの

① 超微粒コンパウンド
超微粒のコンパウンド。塗面の汚れたクリア層を取り除く。

② スポンジ
コンパウンドや水アカ取りに使う。少し固めが好ましい。

③ トラップ粘土
塗面の鉄粉取り専用の粘土。つねにきれいな面を使おう。

④ 水アカ汚れ取り
水アカ取り専用の溶剤。

⑤ ④で使う固めのスポンジ

2 水アカや汚れを取る

トラップ粘土で取れない汚れや軽度の汚れは水アカ取りを使う。

ONE POINT スポンジに溶液を染み込ませる方法

スポンジに溶液を垂らす

スポンジを内側に折る

開けば自然に染み込む

しっかりと乾拭きする

溶剤の乾燥を待たずにすぐ拭き取っていい。力を込めて拭こう。

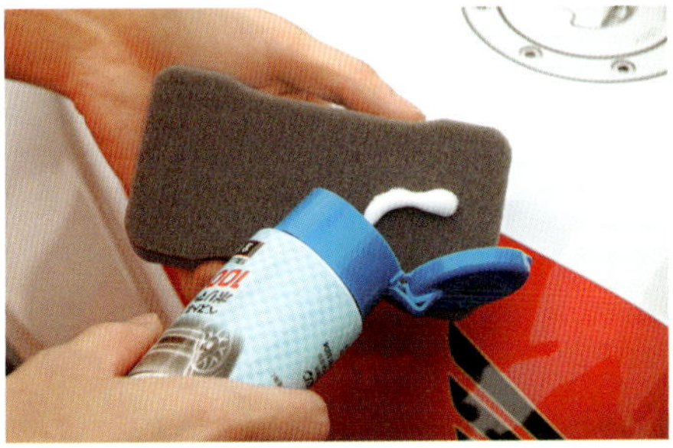

3 超微粒コンパウンドを全体にまんべんなく塗り込む

ペースト状のコンパウンドは、最初に点々と散らしてムラなく塗り込もう。タンクのエッジ(角)は、塗面を保護するため強くこすってはならない!

4 乾拭きしたら完成

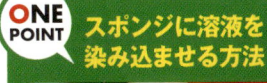

STEP 4
ボディコーティングの方法

3種類のコーティング剤を使いこなして愛車をピカピカに！

進化の著しい各種コーティング剤だが、ここではロウが主成分のワックスからガラス系の溶剤まで、比較的扱いやすい3種類を取り上げてみよう。

それぞれ一長一短がある！

3種のコーティング剤を比較する

以前からあるワックスと、最新コーティング剤との大きな違いは、耐久性や水の弾き方、そしてつや。耐久性は最新コーティング剤が有利で、つやは好みの分かれるところだ。

用途に応じて選ぼう！

❶カルナウバ・ロウ・ワックス

乾いたボディに塗り、乾燥させて拭き取る。比較的安価だが、水アカになりやすいのが難点。独特のつやが出る。

❷ガラス系簡易型コーティング剤

洗車後に濡れたまま使える。やや高価だが使える回数が多くコストパフォーマンスは高い。下地づくりをしてから使う。

❸長期耐久系コーティング剤

乾燥させたボディに下地処理をしてからコーティング。高価だが、耐久性は抜群。つやも美しいが手間がかかる。

Attention!

ボディコーティング剤❶❷❸を絶対に塗ってはダメな箇所！

上記のコーティング剤はもちろん、それ以外のいかなるコーティング剤も、ブレーキディスク、タイヤの接地面、ドライブチェーンには絶対に使わないこと！　事故につながる恐れもあるから厳重に守って欲しい。

チェーン（ドライブチェーン）

ブレーキのディスク（ローター）

タイヤの接地面（トレッド面）

手軽にボディコーティングできる!

カルナウバ・ロウ・ワックスの使い方

天然ロウを主体にしたワックス。使える場所は限定されるが、簡便性や独特のつやは魅力的。ボディが熱いとき使うとムラの原因になるので要注意だ。

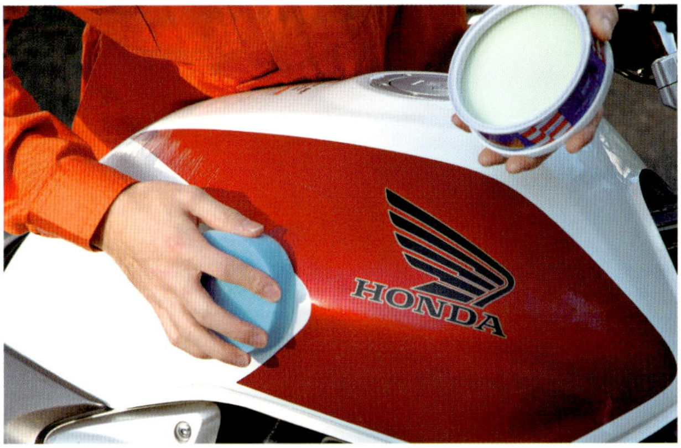

用意するもの

❶ カルナウバ・ロウ・ワックス
この製品はスポンジが付属。布はやわらかいモノを使おう。
❷ スポンジ
❸ 乾拭きの布

1 ムラなく塗り込む

洗車後、乾燥したボディになるべく薄くムラなく塗ろう。乾燥してから拭き取るので必要箇所すべてに塗ってもOK。

2 乾拭きする

拭き残しは染みや水アカの原因にもなるので、確実に拭き取ろう。布を変えて2度拭きが理想的だ。

カルナウバ・ロウ・ワックスで磨けるのはこんな部分だ!

メッキされた部分

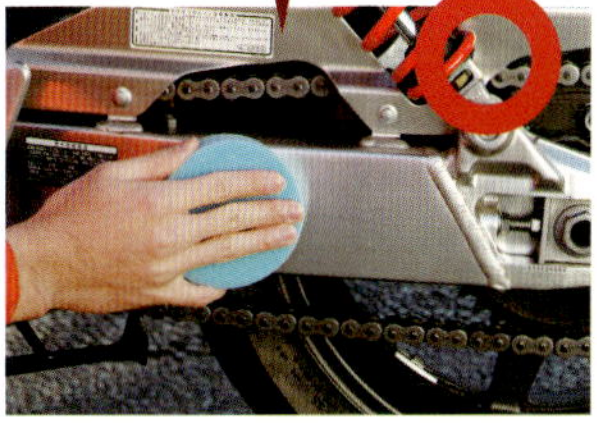

光沢のあるアルミのパーツ

塗装された部分

Attention!

カルナウバ・ロウ・ワックスは高温部や合成樹脂は不可!

ロウが溶けると染みの原因になるので、エンジンやマフラーなど高温になる部分には使えない。また凹凸のある樹脂部には染み込んでしまい不可だ。

▶カルナウバ・ロウ・ワックスが使えない箇所はP036へ

カルナウバ・ロウ・ワックスが使えない高温部分は?

耐熱性に優れたシリコンスプレーで補完する

ワックスを使えない高温部にはシリコンスプレーを使おう。ここでもCRC5-56は不適切なので間違えないように! スプレーして拭き取るだけなので作業も簡単だ。

用意するもの

① **シリコンスプレー**
量販店で売っている安価なもので大丈夫。

② **乾拭き用ウエス(布)**

エンジンやマフラーなど高温になる部分にスプレーして乾拭きする!

シリコンスプレーを吹き、軽く拭きあげておくと錆びや汚れの防止になる。すべりもよくなるので摺動部にも効果的だ。

カルナウバ・ロウ・ワックスが使えない合成樹脂は?

浸透性保護つや出し剤で補完する

凹凸がある合成樹脂には、ゴムやプラスチック用のつや出し剤を使おう。これもすべりやすくなる性質があるのでシートやステップのゴムへの使用は控えるのが賢明だ。

用意するもの

① **浸透性保護つや出し剤**
各種メーカーから市販されている。

② **乾拭き用ウエス**

プラスチックやビニール部に塗ろう

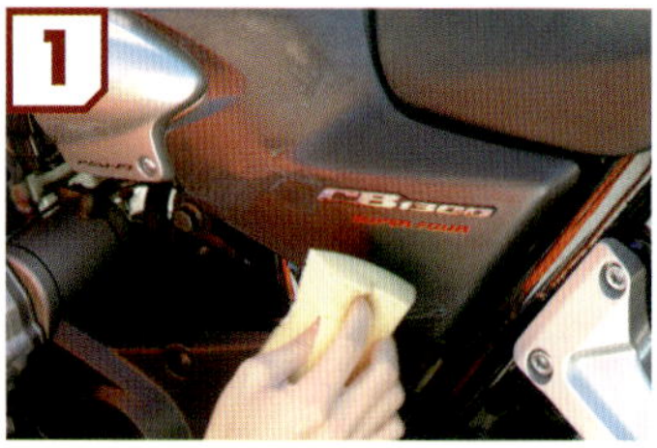

スポンジなどでムラなくのばす

乾拭きすればつやが出る

オールマイティな使いやすさ!

ガラス系簡易型コーティング剤の使い方

下地づくりが済んだボディに対して、抜群に使いやすいコーティング剤だ。傷んだ塗装面のメンテナンス効果も期待できるので利便性が高い。つや出しや、耐久性にも優れている。

用意するもの

❶ **乾拭き用ウエス(布)**
糸くずが出ない専用ウエスもある。

❷ **ガラス系簡易型コーティング剤**
撥水剤とガラス繊維を混ぜた商品。

❸ **洗車スポンジ**
やわらかめのスポンジを使おう。

1 バイクに水をかけて濡らしておく

溶剤の使用書には“濡らして埃や泥を落とせばよい”とあるが、できればきちんと洗剤で洗車しておきたいところだ。

2 水をかけながらムラなく塗る

スポンジにコーティング剤を適宜吹きかけたら、部分的に塗りながら水をかけて流す。これを繰り返すだけだ。

FRPやプラスチック部分に塗ってもOK!

高温になるエンジンやマフラーもOK!

3 乾拭きすれば 完成

効果が長く持続する!

長期耐久系コーティング剤の使い方

作業は複雑で面倒だが、つや出しや耐久性は抜群のコーティング剤だ。一度塗ってしまうと簡単には落ちないので、確実に下地づくりをしてから作業することが原則だ。

用意するもの

だいたい通常はセットになっている

❶ A液 ❷ B液 ❸ スポイト
高価だが、必要なものがすべてセットになっている。複数のバイクや自動車に併用するといい。
❹ ウエス(布) ❺ スポンジ ❻ タオル
❼ ビニール手袋かゴム手袋

※詳細は各製品の説明書に従うこと。

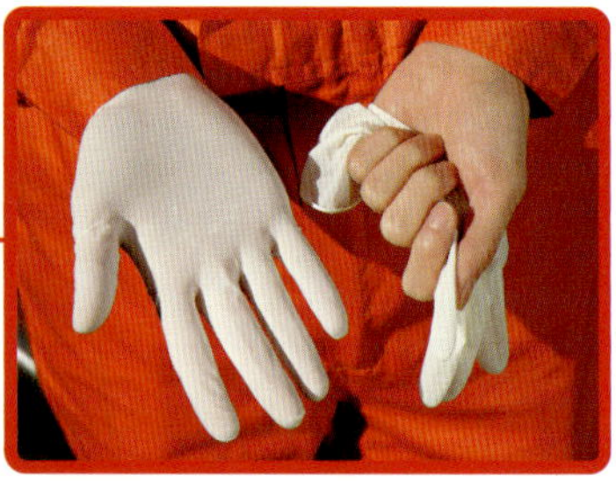

作業するときには必ずゴム手袋か付属する手袋を着用すること!

商品に「手袋着用」と書かれている場合は毒性の影響を考えて面倒でも必ず着用する。

Attention!

合成樹脂パーツは不可!

製品によって使用法が若干違う。合成樹脂への適用や、その他はじめに必ず使用書の注意を熟読してから作業に移ろう。

▶プラスチック部はP036へ

▼

1 サイドカバーをはずす

一度塗ったら落ちないので、塗ってはいけないパーツは可能な限りはずしてから作業しよう。ここではサイドカバーをはずすことから作業をはじめた。

2 シートもはずす

シートの縁にコーティング剤が付着して変色しては大変なので、シートもはずしてから塗るようにしよう。シートなどをはずしたバイクに水をかけてはいけない。

エンジンやマフラーなど高温になる部分にも使える

ガラス繊維が主体なのでエンジンなど高温になる部分は、焼き付き効果でさらに耐久性UP。

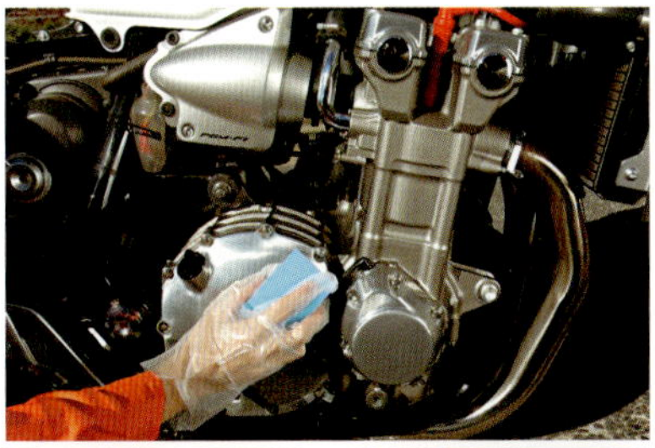

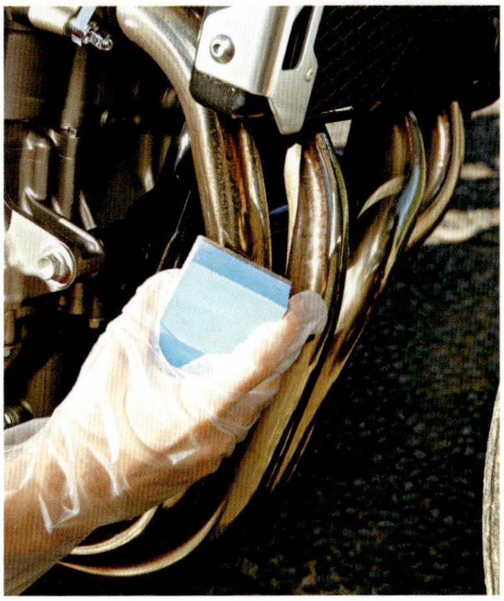

フューエルタンクやカウルなど塗装面の輝きが持続する

薄いが強固な皮膜で、細かな傷にも強くなる。タンクバッグによる傷の防止が期待できる。

3 各製品の説明書に従ってコーティング剤を使用し、スポンジになじませる

各製品の使用書(ここではA液とB液の溶剤をまぜて使う)に従おう。基本的にコーティング剤は直には塗らないで、必ずスポンジに含ませて使う。

▼

4 ムラができないよう均一にのばしながら塗っていく

コーティングのコツは薄く均一にのばして塗ること。厚く塗っても効果が変わらないどころか半減する場合もある。塗布したら指定の時間に従って乾燥させる。

▼

5 タオルかウエス(布)で拭き上げて表面の成分を平滑化させる

均一に拭きのばすようにして仕上げる。塗面に定着するまでに数時間以上かかるコーティング剤もある。屋外で作業する場合は、雨が降らない日を選びたい。

STEP 5

錆びた部分をピカピカに磨く

アルミの腐食やメッキの錆びをきれいに落とす方法

錆びや腐食は、放置すると容赦なく進行する。大事な愛車が無惨な姿になる前に発見して、早めの処置が肝心だ。早く手当すれば、手間もかからず簡単に修復できる。

削る&クリアー塗料で仕上げる!

アルミの腐食は削って落とす

削るといっても刃物でガリガリ削るわけではない。少し根気のいる仕事だが、サンドペーパー（紙ヤスリ）やペースト状の研磨材を利用して磨くのが基本だ。

用意するもの

❶ **クリアー塗料**
アルミは磨いたら必ず塗装すること。

❷ **耐熱性のクリアー塗料**
エンジンなど発熱部には耐熱塗料だ。

❸ **アルミポリッシュ（研磨材）**
市販のアルミ専用研磨材。

❹ **ピカール（金属磨き材）**
長く市販されている研磨材。メッキ部に使うと有効だ。

❺ **サンドペーパー（1500番）**
状態に応じて1000〜2000番を使い分けよう。

1 サンドペーパー（1500番）で錆びを削る

中度に腐食したシリンダー・ヘッドカバーを磨く。まず汚れを拭き取り、サンドペーパー（必ず1000番以上の番手を選択すべし）で磨こう。

▼

2 アルミ研磨材をたっぷり塗りつける

まず目立つ腐食部をサンドペーパーで削ったら、必要な部分に研磨材を塗りつける。研磨材は多めに使った方が作業が楽になる。

3 ウエス（布）でゴシゴシ磨いて表面を溶かしつつ錆びを取る

指先に力を入れて狭い範囲を磨く。様子を見て、磨く場所を移すのがコツ。納得できる光沢がよみがえるまで、同じ作業を何度か繰り返して磨こう。意外と短時間で、輝きが復元できるはずだ。

4 乾拭きと水洗いで脱脂（油分を落とす）する

今度はクリアー塗装の準備だ。研磨材を拭き取ったあと、洗剤で油分を完全に取り除くことが上手に塗装するコツ。きれいなウエスをこまめにすすぎながら使い、できるだけ油分を除去しよう。

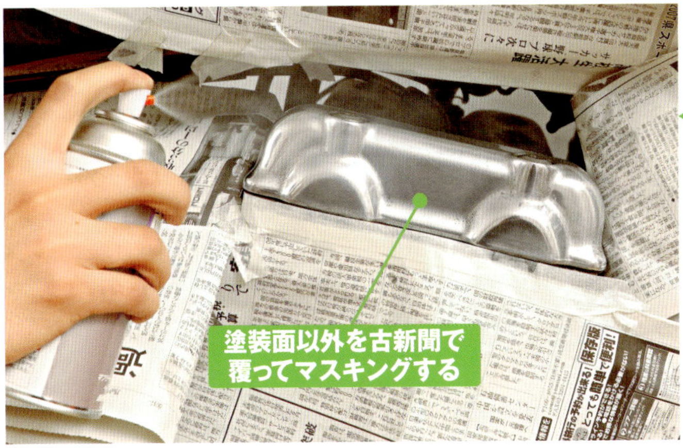
塗装面以外を古新聞で覆ってマスキングする

用意するもの

古新聞
マスキングテープ

5 マスキングしてからクリアー塗料を吹く

この部分はエンジンの一部で、発熱するので耐熱塗料を使った。無色透明な塗料だが、必要ない部分につかないように、必ず丁寧にマスキングするのが肝要だ。

6 塗装面に触れないように乾かす

ここで使った耐熱塗料は、加熱乾燥が基本だ。エンジンを始動して乾燥させるかドライヤーなどで乾燥させよう。

ONE POINT

アルミ部分は同じ方法で磨こう!

アルミホイールなど発熱しないアルミも同じように磨けるが、磨いたあとは「自然乾燥できるタイプのクリアー塗料」を塗ること。磨きっぱなしだと腐食がすぐに再発する!

メッキパーツの錆び落とし❶

フロントフォーク(インナーチューブ)の錆び落とし

フロントフォーク・インナーチューブの錆びは、放置するとオイルシールを破損しオイル漏れを誘発する。発見したら、できるだけ早く処置することが大切だ。

指でなぞるとザラザラするメッキの錆びを落とす

用意するもの

❶ サンドペーパー(2000番)
必ず2000番のサンドペーパーを使うこと!

❷ 超微粒コンパウンド
コンパウンドは鏡面仕上げ用の超微粒が鉄則だ。

1 サンドペーパー(2000番)で磨き、ウエス(布)で乾拭きする

はじめに汚れを拭き取ってからサンドペーパーで磨く。磨く方向は必ず横方向に! 写真のように広い面積を軽く磨くのがコツだ。1ヶ所を重点的に磨くと、くぼみになるから注意しよう。

2 超微粒コンパウンドで研磨してウエス(布)で乾拭きする

サンドペーパーでおおむね錆びを取り除いたら、コンパウンドで仕上げよう。コンパウンドも必ず横方向に磨くこと。目に見えない磨き傷でも、縦方向にあるとオイル漏れの原因になるからだ。

メッキパーツの錆び落とし❷

マフラーなど メッキ部分錆び落とし

錆び落としの基本はウエス（布）で磨くこと。研磨材を使わずひたすら磨いてピカピカにすることも可能だ。研磨材を使う場合は、微粒のものを選択するとメッキが曇らない。

1 ウエス（布）に ピカールを塗り ゴシゴシ磨く

まず、埃や汚れを取り除いたら金属研磨材を布に少しつけて磨く。ひたすら磨き続ける。磨く場所を移動しながら全体が均一に輝けば成功だ。

用意するもの

❶ ピカール（金属磨き材）
ロングセラー商品には理由がある。安価で使いやすいので愛用者が多い研磨材だ。

使用前

水玉のように点々と錆びが浮いて全体にメッキが曇っている

埃や汚れを拭き取ったのに、まだ写真のように曇っている。かなりくすんでいることが判るだろう。

使用後

錆びが落ちて全体が鏡のようにピカピカに輝いている

金属研磨材をつけて約5分ほど磨いただけでこのとおり。深い錆びの根は残るが、全体が光れば目立たなくなる。

STEP 6

小さな傷や破損のリペア

フューエルタンクなど塗装面の小傷&シートの穴をリペアしよう!

塗装修理するほどではないが、ちょっと気になる「小傷」を修復してみよう。塗料の厚さや堅さはまちまちで一概に言えないが、国産車は薄くやわらかい傾向がある。

輝きがよみがえる!

フューエルタンクの小傷をリペアする

塗装面のクリアー層(上層)についた浅い傷なら、ここで紹介する方法で確実に消せるが、クリアー層より深い傷は、残念ながら傷を薄くするに留まるので承知しておいて欲しい。

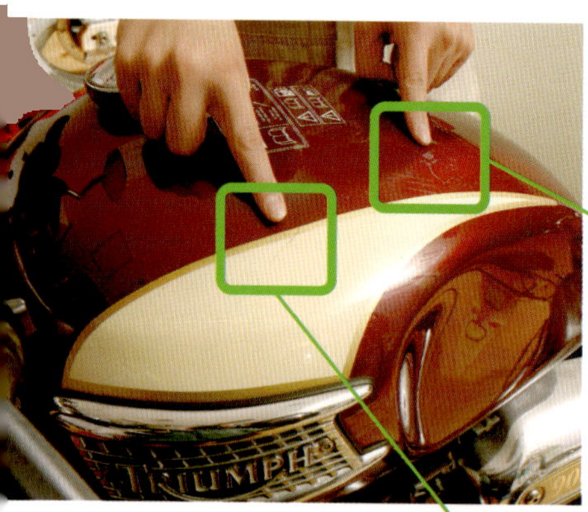

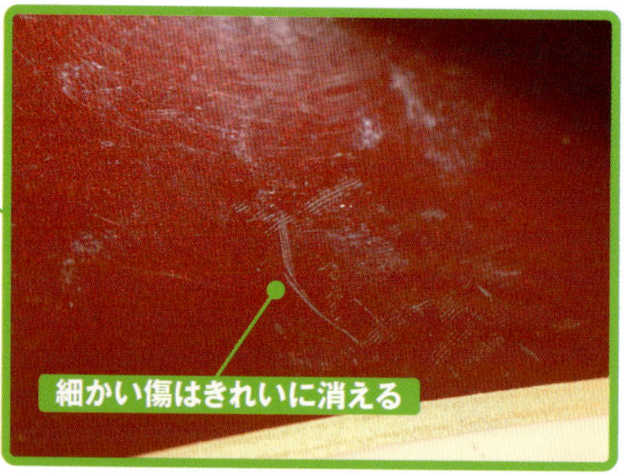

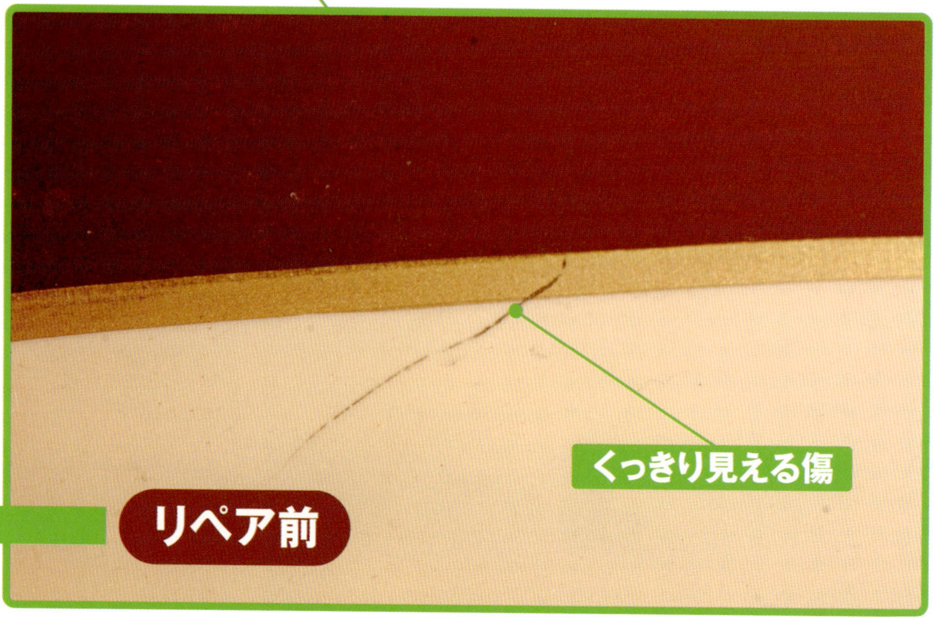

用意するもの

❶ カルナウバ・ロウ・ワックス
便宜上、ワックスを使ったが、他のコーティング剤でもよい。

❷ 超微粒コンパウンド
傷の程度により、中目・細目・微粒・超微粒と使い分けよう。

❸ スポンジ

1 塗装面の汚れをきれいに拭き取っておく

塗装面に埃や汚れが残ったまま磨くのは厳禁！必ず、塗装面をきれいにしてから作業開始だ。

2 超微粒コンパウンドで磨く

できるだけ細かなコンパウンドで磨こう。傷が消えない場合は段階を追ってコンパウンドを粗くする。

3 ワックスなどで磨く

傷消し磨きとは、塗装のクリアー層を削ることだ。処理後は、必ずコーティング剤を塗ることが鉄則だ。

Attention!

粗めのコンパウンドは使用不可！

傷消し磨きは塗装を保護するクリアー層を削ること。傷が消えるぎりぎりのところで磨きを留めるのが原則。ところが粗いコンパウンドを使うとクリアー層だけでなく、塗装まで削る恐れがあるので危険だ。

4 ほぼ傷が消えた！

細かな傷は完全に消えた。クリーム色部分にあったやや深い傷は薄まり目立たなくなった。塗装面へのコーティング剤でのメンテは欠かせない。

とりあえずの応急処置に!

シートの穴をパンクパッチでふさぐ

シートの穴や破れをそのままにしておくと、穴が広がったり雨水が入ってしまうので応急処置が必要。シートの張り替えは意外と手軽なので早めにバイク専門店へ行こう。

用意するもの

③
②
①

❶ **食器洗い用洗剤**
シート表皮の油分の除去用。パッチの接着力が強くなる。

❷ **ゴムのり**
いわゆるパンクのりを使用する。自転車用でも可能だ。

❸ **パンクパッチ**
穴の大きさよりもかなり大きめのパッチが必要だ。

シートの穴を放置すると雨のとき
中のウレタンが水を吸ってしまう!

シートの穴を見つけたら、
濡らさないことが肝心だ

洗剤は適宜に水で薄めて
使おう。そのあと濡らした
布でよく拭き取ろう!

1 洗剤を使い穴の周囲をきれいにする

シート表皮に油分が残っていると接着力が低下する。必ず油分を取り除き、乾燥させてからのりを塗ること。

ゴムのり

2 パンクパッチの大きさにゴムのりを塗る

のりを薄く塗り広げたら5分くらい乾かそう。のりが乾燥して指先につかないのを確認してから次のステップに進もう。

MARUNI

3 パンクパッチを台紙からはがす

5分ほど放置して、のりがある程度乾いたら、パッチの台紙をはがす。接着面に指をふれないように注意しよう。

4 ゴムのりが乾いたら貼り付ける

押すとへこむシート表皮に、パッチを圧着させるのは難しい。そっと貼って指先で軽くなぞり、接着面の空気を抜こう。

5 応急処置はこれでOK!

のりが完全に乾くまで30分ほど放置してから、パッチについているビニールをはがす。パッチがシートにつけば作業終了だ。

ONE POINT

なるべく早めにバイクショップでシートを張り替えてもらおう!

ここに紹介した修理方法はあくまで応急処置で、シートが痛んだらシートの表皮を張り替えるが一番いい。意外と安価だし、材質、色、デザインの変更も可能になっている。まずはバイク専門店に相談してみよう。

STEP 7
可動部に注油する

洗車のあとは注油しよう 可動部への注油方法

洗車は汚れとともにバイクに必要な油分まで洗い流してしまう。そこで、洗車のあとは必ず注油も行なうように習慣づけたい。

点検のタイミング…… **1,000km走行ごと or 1ヶ月ごと**

適度な注油を心がけよう!

油のさしすぎは汚れの原因

定期的に注油しているなら、少量の注油で充分だ。注油後は各部を動かして馴染ませる。余分な油は必ず拭き取っておこう。

用意するもの

❶ スプレーグリス
エンジンオイルの廃油を利用してもいいがスプレーグリスが使いやすい。

スタンドの可動部

チェンジペダルのリング部

タンデムステップの可動部

レバーの可動部

ステップの可動部

ブレーキペダルの可動部

STEP 8

チェーンに注油する

チェーンの点検や注油を怠ると重大なトラブルにつながりかねない!

もし、走行中にチェーンがはずれたり切れたりすると、転倒はおろか重大事故につながる場合も考えられる。事故を未然に防ぐ意味からも、点検と注油は必ず実行しよう!

点検のタイミング…… 1,000km走行ごと or 1ヶ月ごと

おもに2種類のチェーンがある!

チェーンの種類に適合したオイルを注油しよう

チェーンには、内部にオイルが密閉してあるシールチェーンと、普通のチェーンの2種類がある。各チェーンに適合するチェーンオイルを選択して注油することが大切だ。

1 チェーンの汚れを拭き取る

チェーンにウエスを押しあて、チェーンを回しつつ付着した汚れを拭く。チェーンクリーナーも市販されているが油分を取りすぎる恐れがあるので注意。

用意するもの

❶ **チェーン専用オイル**
写真は粘着タイプ。パウダー状のドライタイプもある。
❷ **ウエス(布)**

2 チェーン専用オイルを吹き付ける

チェーン専用オイルは、粘りがあって飛び散らず耐久性もある。また、シールチェーンにシールチェーン専用オイル以外を使うと劣化の原因にもなるので注意。

Attention!

オイル密閉式シールチェーンの洗浄

シールチェーンを洗浄するには注意が必要だ。灯油やガソリンを使っての洗浄は厳禁！ グリスが密閉されたシール部を破損する原因になる。

チェーンのコマとコマの間にも注油する。ここに泥が詰まったり、錆びがあると抵抗が生じて最悪切れることも。

スプロケットとチェーンが擦れ合う部分に注油する。これでチェーンとスプロケットの寿命が延びるのだ。

3 余分なオイルは汚れの元になるからウエス（布）で軽く拭く

チェーン全周にオイルを吹き付けたら、タイヤを回転させ、なじませてから拭き取る。ドライタイプは、さらに丁寧になじませてから拭き取ろう。

Step up!

リアタイヤを回しながら作業できるとベスト！

後輪を回しながら注油すれば作業が簡単にできる。ただし、エンジンを始動した上、ギアを入れてチェーンを回転させる行為は厳禁！ 巻き込み事故の元になる。絶対やってはならない！

センタースタンドがあれば注油が楽になる。

STEP 9

クラッチワイヤーに注油する

クラッチレバーが重く感じたら可動部&ワイヤーをチェック!

クラッチレバー可動部やワイヤー内部の油は、時間とともに乾燥したり流れ落ちてしまう。必ず注油が必要な箇所なので、必要を感じたら早めにチェックする習慣を持とう。

点検のタイミング…… 3,000km走行ごと or 3ヶ月ごと

注油する潤滑剤を使い分ける!

潤滑剤&グリスの活用法

むき出しになっているレバーの可動部にはグリス。ワイヤー内部には浸透しやすいシリコンスプレーが適している。金属を浸食する潤滑剤は不適合だ。

用意するもの

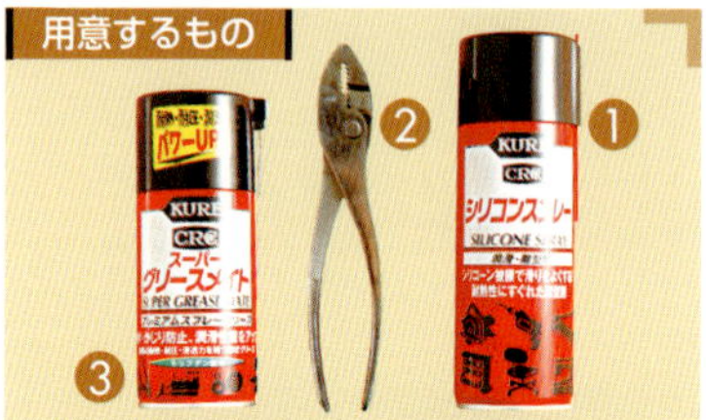

❶ シリコンスプレー(潤滑剤)
メンテは金属を浸食しないタイプで。

❷ プライヤー
小型で充分なので車載工具でもいい。

❸ スプレーグリス
グリスやオイルでも代用可能だ。

ロックナットをゆるめる

ロックナットの切り込みと調整ネジの切り込みを一直線にそろえる

この写真のようにシリコンを吹き入れる

ワイヤーケーブル内への注油方法

用意するもの

❶ ワイヤーインジェクター
効率よく大量のシリコンをワイヤー内部に送るツール。使い方は簡単で、各製品の説明書に従って行なおう。

1 切り込みを合わせる

ここで、ワイヤーをはずして注油する方法を紹介しよう。ロックナットを目一杯ゆるめ、調整ネジをすべて締め込んだら、切り込みを合わせる。

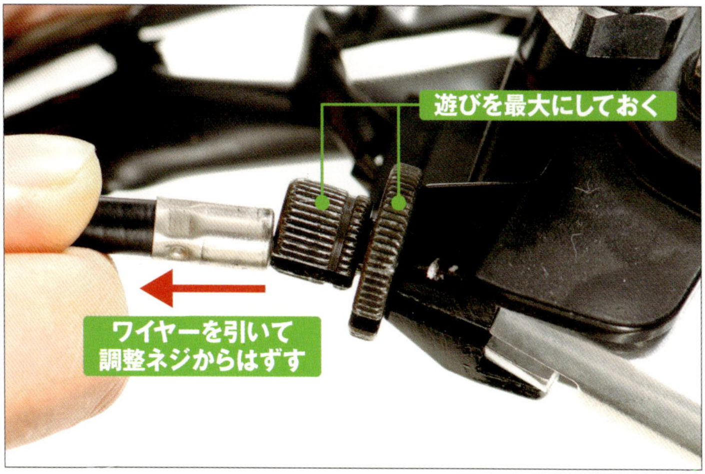

2 ワイヤーケーブルを引いて調整ネジから抜き取る

レバーと調整ネジの切り込み部分の角度を合わせたら、ワイヤーを引いて調整ネジからはずそう。遊びを最大にしておくのを忘れないように。

3 切り込みからワイヤーを抜く

あとはレバー裏側からタイコ(ワイヤーエンド)を抜けば簡単にワイヤーがはずれる。ちなみにレバー可動部はスプレーグリスを吹こう。

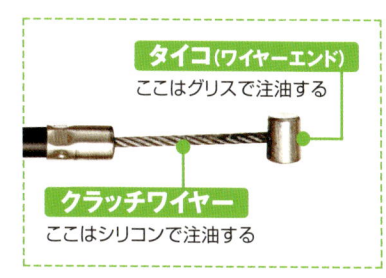

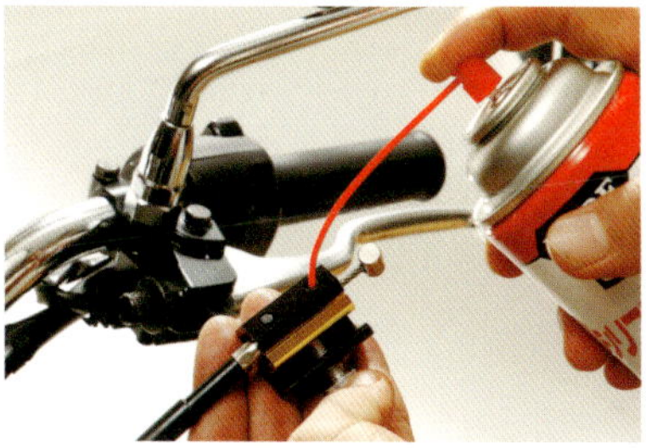

4 ワイヤーインジェクターを装着してシリコンスプレーを吹く

前述のワイヤーインジェクターを装着した。詳しい使い方は商品の説明書きに従おう。要は油脂の逃げ道をふさいで押し込む装置だ。

ONE POINT

ワイヤーインジェクターがない場合

ワイヤーインジェクターがなくても、ワイヤーをはずした方がワイヤー内部に油脂は送りやすくなる。少し効率は悪くなるが、これでも充分に注油はできる。

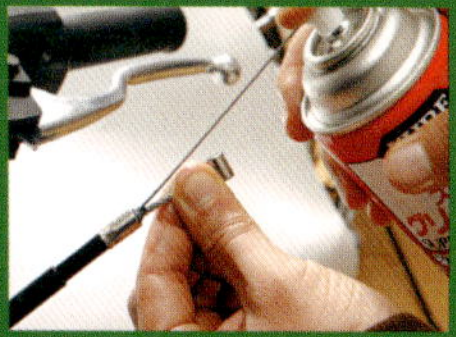

ここはグリスで注油する
クラッチワイヤー
ここはシリコンで注油する

STEP 10 各部のネジのゆるみを点検する

最新バイクならあまり心配ないが念入りに点検しておこう!

ゆるみにくいネジの採用などで、最新バイクは振動でネジがゆるむことが少なくなった。以前のような「増し締め」は不要で、ネジのゆるみ・締まり具合を点検すれば充分だ。

点検のタイミング……　5,000km走行ごと or 6ヶ月ごと

割りピンも要チェックだ!

アクスルシャフト(車軸)のリア側を点検する

アクスルシャフトは、チェーン調整のたびにゆるめたり締めたりする箇所。ゆるみ止めの割りピンの状態も含め定期点検は欠かせない。割りピンは、調整ごとに新品に交換したい。

用意するもの

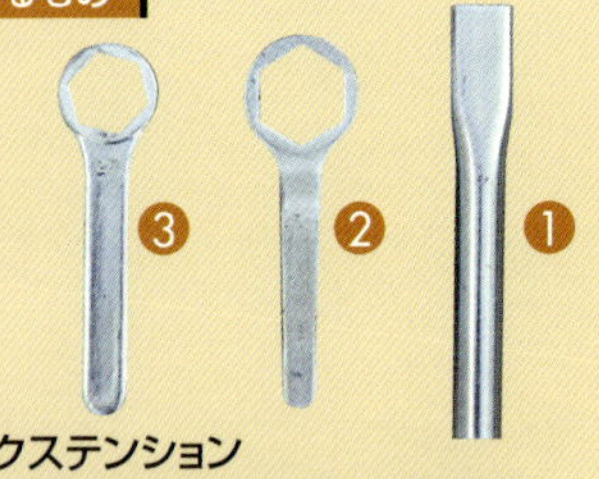

① エクステンション
レンチの取っ手を長く延長する車載工具。

② 車載工具のレンチ
車軸のナット側を回すための車載工具。

② 車載工具のレンチ
こちらは車軸のボルト側に使う車載工具。

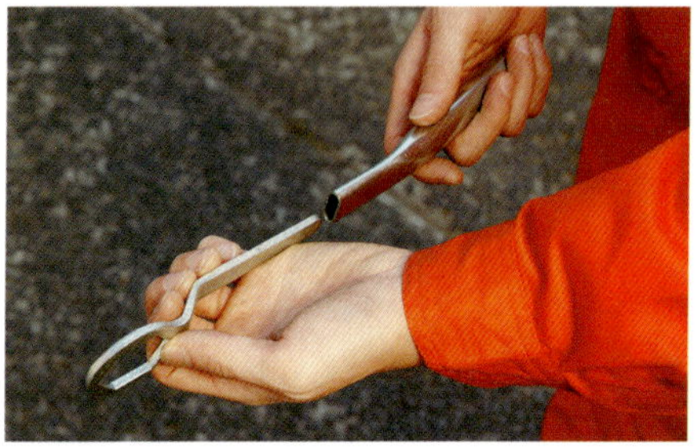

1 レンチにエクステンションを継ぎ足す

用意した①と②を組み合わせて使おう。締めつけに使う工具はゆるめる工具と必ず同じモノを使うこと。

▼

割りピンの不具合は要チェック!

2 割りピンやボルトのゆるみをチェック!

写真奥の左手で③の工具を使い車軸が共回りしないよう押さえている。1のレンチで軽く締めてゆるみを確認しよう。割りピンの確認も大切だ。

こんなタイプの割りピンもある

旧来からある割りピンで先を折り曲げて抜けないようにするタイプ。何度も曲げると折れる危険がある。

ネジのゆるみをチェックする!

その他の重要ポイントを点検する

ゆるみにくいとはいえ、絶対にゆるまない確証はない。軽く工具を当ててゆるみがないか確認しよう。あくまでゆるみの確認程度にして締めすぎには注意してほしい。

A アクスルシャフト(フロント)の点検

車載工具の6角レンチではこの部分はゆるまないはず。車載工具で軽く回るようなら問題ありだ。販売店に相談して増し締めするといい。

B フロントサスペンションの取り付け部の点検

ネジを傷める心配があるスパナは使わずに、メガネレンチを軽くあててゆるみを確認しよう。無理に締めすぎないようにして、左右とも同じように確認しよう。

Attention!

くれぐれもネジの締めすぎに注意すること!

ネジは力まかせに締めるものではない。本来はそれぞれのネジに締めつけトルクが規定されている。とくに小さなネジは、レンチの持ち方を工夫して締めすぎや破損に注意することが大切。

トルク(力)をかけすぎないように取っ手の真ん中を握るのもよい方法だ

C エキゾーストパイプの取り付け部の点検

ここもメガネレンチを使うが、締めれば必ず締まる場所だ。排気漏れがなければゆるみを確認するだけに留めること。レンチを当ててゆるみがなければいい。締めすぎは厳禁!

Column for BEGINNER

工具の使い方にご用心!

メガネレンチ

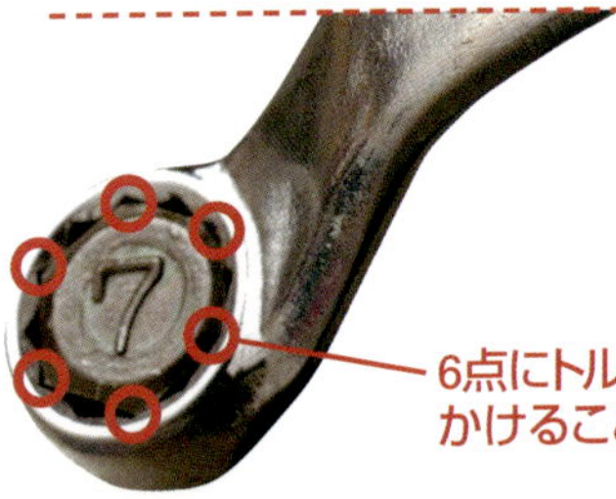
6点にトルクを
かけることができる

スパナ(オープンレンチ)

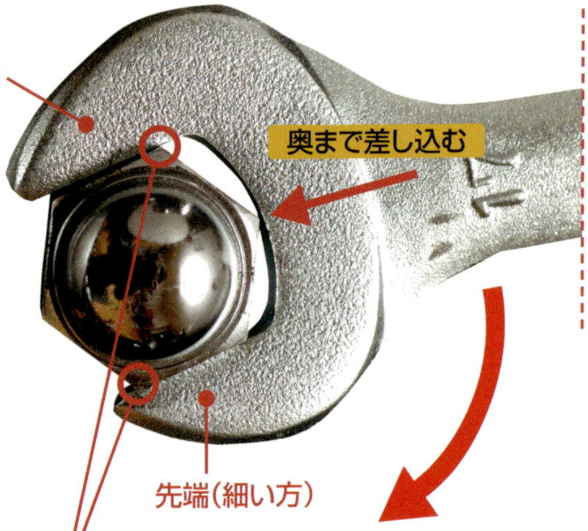
先端(太い方)
締める方向
この2点に
トルクがかかる

▶工具の選び方&使い方はP162へ

違いを知れば失敗なし!

スパナ(オープンレンチ)とメガネレンチの違いを少し解説しておく。

スパナは写真を見ればわかるように先端が開いていることからオープンレンチとも呼ばれる。この形状が便利なこともあるが、先端が開いているので、力を加えると歪んでしまいネジ山を破損する(すべる)こともある。強い締めつけトルク(回転力)がかかるネジには不向きな工具だ。使い方は、U字型の太い根本に力がかかるように使うこと。また、斜めに差して使うとネジを破損するので要注意だ。

メガネレンチは円周が閉じているから強い力が加わっても開く心配がなく、ネジを破損する心配も少ない。最初のゆるめや、最後の締めにはメガネレンチを使い、途中はスパナという使い方を勧める。

バイクメンテナンスには、メガネレンチ、スパナともに10・12㎜、14・17㎜を多用する。高価な工具でなくても、表面がクローム仕上げの工具は信頼できる工具が多い。自分のお気に入りを購入しておくとメンテライフが楽しくなるだろう。

PART 3

エンジンまわりのメンテナンス

難しそうで、自分で手をつけるのがためらわれる。
確かにそうなのだが、目的は修理ではなく、予防にある。
定期的な点検&消耗品の交換は、決して難しくない。

オイル量&汚れ&オイル漏れ 3つのポイントをチェック!

オイルはエンジンにとって人間の血液のような働きをしている。4ストロークエンジンでも少しずつ燃えて減少し時間経過で劣化する。定期的な点検・交換を必ず実行しよう。

点検のタイミング…… 1,000km走行ごと or 1ヶ月ごと

STEP 1

エンジンオイルの点検&知識

オイルの減少が著しい場合は要注意!

オイル点検でエンジンの調子がわかる

点検は点検窓やレベルゲージで行ない、アッパーライン付近までオイルがあれば問題ない。減っていたらつぎ足すが、減りが著しい場合はエンジン内部の摩滅が考えられる。

エンジンを停止して約5分後に車体を垂直にして点検する

オイルの汚れと粘度をチェック!

定期的に交換しているなら、オイルの汚れはさほど気にする必要はない。注意すべきは質と粘度。シャバシャバや、逆にドロドロのオイルはよくない。

汚れたオイル

上部の気泡やオイルの粘度が問題になる。交換しよう。

新しいオイル

指先にオイルをつけて新しいオイルの感触を記憶しよう。

ONE POINT

オイル漏れをチェックしよう!

エンジンオイルの量と質の点検は大切な点検項目だが、オイル漏れにも気をつけたい。漏れやすい箇所はシリンダー、シリンダーヘッドガスケット周辺、ヘッドカバー、クランクケースのパッキンなど、写真の白線内(パーツの継ぎ目)を重点的に目視しよう。にじむ程度なら増し締めでおさまる場合も。漏れていたら販売店に相談を。

エンジンオイルの基礎知識①

エンジンオイルの役割り

潤滑、洗浄、防腐、冷却、密閉などオイルの役割りは幅広い。潤滑性能の低下はエンジンを損傷し、洗浄、防腐性能が低下すればエンジン内部にスラッジが溜まりオイルラインを詰まらせる。また冷却、密閉性能の低下は、オーバーヒートや出力低下につながる。

①化学合成油　②部分合成油　③鉱物油

4ストロークエンジンの場合

オイルは3種類ある

①化学合成油

高温(約120度)になり、性能が劣化してもオイル温度が下がれば性能を復元する。シールへの攻撃性があり古いバイクには注意。

②部分合成油

化学合成油と鉱物油を混ぜていいとこ取りしたようなオイルだ。費用対効率もよくシールへの攻撃性もないから安心して使える。

③鉱物油

天然鉱物油がベースのオイル。安価で安心して使えるが、限度を超えた高温になって劣化すると回復しないので交換が必要だ。

エンジンオイルの基礎知識②

オイルの表示記号の読み方

表示記号とはオイル缶に書かれた「SAE10W-30 SJ」や[SAE10W-40 SM]という表記のこと。国産2輪車専用オイル「JASO」という表記もある。JASO-MAは一般のバイクに適合し、JASO-MBは特定車種の専用オイルとなっている。

Attention!

高価格・高性能ならいいか?

どんなに高価で高性能を唱っていても、自動車用オイルはクラッチの滑りを誘発する恐れがある。また高性能でもオイル消費量が増えるオイルも存在するから、愛車が指定する粘度指数とオイルグレードを基準に選択することが基本だ。

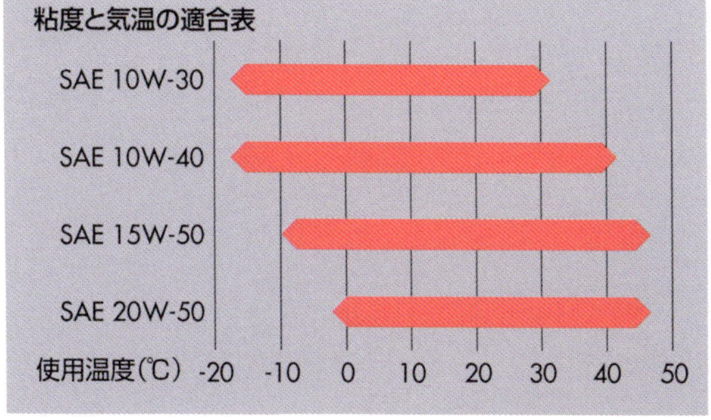

オイルの表示記号　**SAE**① **10W**② **-30**③ **SL**④

①米国のSAEという団体の試験方法で行なった粘度基準という意味。
②「W」はWINTERの頭文字で、低温側で10の粘度を保つ意味。
③横線(ハイフン)の次の数字は高温側の粘度(気温の適合表参照)。
④SJやSLの「S」はガソリンエンジン用の意味。「J」「L」はオイルのグレードを表しアルファベットの後ろほど高級になる。

「スラッジ」…オイルや燃料などの成分が泥状になった汚れのこと。

STEP 2

エンジンオイルを交換する

エンジンを良好な状態に保つため定期的にオイル交換しよう!

エンジンオイルの交換は、愛車に指定された交換サイクル(期間と距離)以内に実行する。ただしオイルの入れすぎは禁物! また、廃油のチェックでエンジンの状態を把握しよう。

交換のタイミング…… **3,000km走行ごと or 6ヶ月ごと**

あなたの乗り方はどう?

乗り方で変わるオイル交換の時期

交換のタイミングはあくまで目安だ。エンジンの使い方で交換時期は相当変わる。長時間、高回転を多用する人は、オイルの消費が激しく劣化も進む。また、近距離しか走らない人も低温スラッジやタールが発生し、早めの交換が必要になる。毎日定期的に中速域で10km以上走行するバイクのエンジンであれば、メーカー推奨交換時期まで乗って問題ない。

用意するもの

1 市販の廃油ボックス
油を吸い取る箱だが、廃油を燃えるゴミとして出せる地域で使う。

2 メガネレンチ
ドレンボルトには必ずメガネレンチを使うこと。スパナは不可だ!

3 エンジンオイル(前ページ参照)

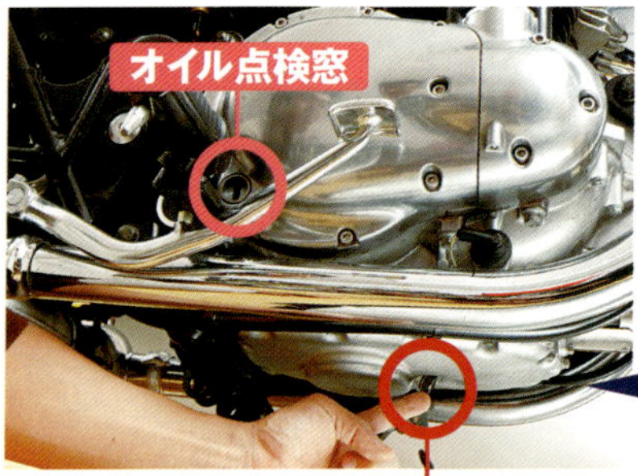

エンジン下部の比較的大きなネジ(ドレンボルト)がオイルを抜く箇所だ

漏れの確認は忘れずに。ドレンボルトのパッキンも交換して漏れに注意しよう

1 エンジンを暖機後にドレンボルトをゆるめる

暖機の意味はオイルをやわらかくして抜けやすくするためだが、ヤケドの危険があるからオイルを温める程度で充分。エンジンを停止したら作業開始だ。ボルトをはずすときの最後と締めるときの最初は、必ず指で作業すること。

ドレンボルトの締まり具合を覚えておいて、あとで締めるときに同じ強さで行なう

2 廃油ボックスを置きドレンボルトを抜く

ドルトレンボルトを抜くとすぐオイルが出てくる。廃油を受けるオイルパンか廃油ボックスを置いて作業しよう。バイクは直立かサイドスタンドを立てた状態にする。オイルが完全に抜けるまであせらずに。作業にはゴム手袋を着用しよう。

オイルが熱いのでヤケドに注意!

オイルが抜けやすいようにオイルフィラーキャップ（注入口のフタ）を取る

3 ドレンボルトを締めて新しいオイルを注入する

必ずドレンボルトを締めたことを確認してからオイルを入れる。まず規定量の2/3を入れて、それから下記の方法でエンジンを一度始動させ、オイル量を点検窓やレベルゲージで確認しながら適正量を入れる。オイルの入れすぎはトラブルの元になる。

廃油を観察してエンジンの健康診断

水冷エンジンのオイルを抜いたときに白濁していたら、冷却系統に異常がありオイルラインに水が混入している疑いがある。即専門店に相談しよう。また抜いたオイルが水のようにシャバシャバならオイル粘度を少し固めにするか、交換時期を早める必要がある。近距離ばかり走るバイクで、抜いたオイルがドロドロ状態のときも交換時期を早めよう。

オイル交換はゴム手袋を着用しよう。

オイルを入れるときは一度エンジンを始動する!

オイル交換で注意したいのはオイルの入れすぎだ。取説書にある規定量は目安にすぎない。抜き方で、入るオイル量は変化するのだ。以下の手順で作業しよう。

❶ オイルを規定量の約2/3入れて一度エンジンを始動させる。
❷ 静かにエンジンをアイドリングさせて2～3分したらエンジンを停止する。
❸ 停止後5分ほどしたらバイクを直立させて点検窓で量を確認。必要量を補充。

PART ❸
061
エンジンまわりのメンテナンス

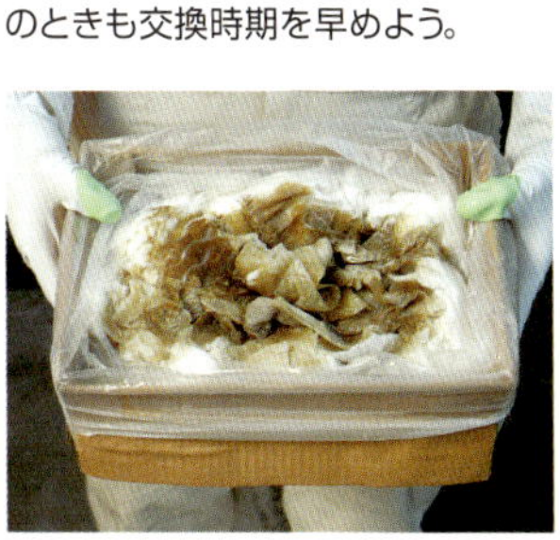

STEP 3

オイルフィルターの交換

エンジンオイルの交換2回に1回フィルターも一緒に交換しよう!

オイルフィルター(エレメント)はエンジンオイルの濾過装置。これが詰まるとエンジン内にオイルが適切に供給されず、最悪の場合、焼き付きやオーバーヒートを引き起こす。

点検のタイミング…… 6,000km走行ごと or 12ヶ月ごと

もっともポピュラーなタイプ!

カートリッジ・タイプのオイルフィルター交換

最近の主流は、このカートリッジタイプのオイルフィルター(エレメント)だ。交換が簡単なので初心者でも安心して作業できるだろう。愛車に合ったサイズを選択して使うこと。

カートリッジ・タイプのオイルフィルター

基本は純正部品をすすめるが信頼できるメーカーなら社外品もOK。

用意するもの

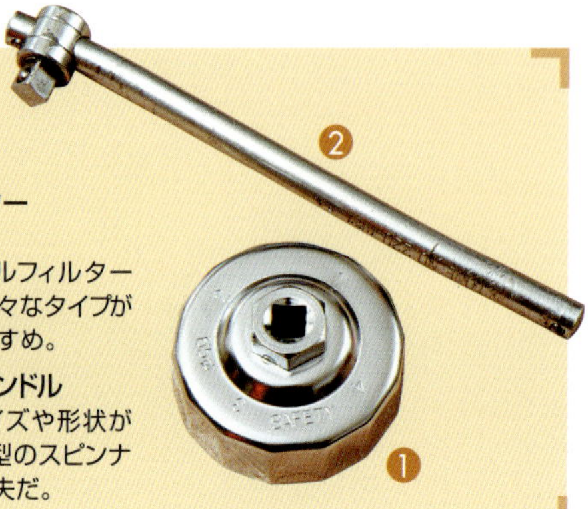

① オイルフィルター専用レンチ

カートリッジオイルフィルターをはずす工具。様々なタイプがあるがこれがおすすめ。

② スピンナーハンドル

これも様々なサイズや形状がある。ここでは小型のスピンナーハンドルで大丈夫だ。

ONE POINT いまは少数派だが内蔵タイプのオイルフィルターもある

少数派になってしまったがエンジン内蔵タイプのフィルターもある。構造はカートリッジタイプのオイルフィルターの中身だけだと思えばいい。洗浄できるタイプと交換するタイプがある。作業は面倒だが安価だ。洗浄・交換サイクルはカートリッジと同じ。

1 スピンナーハンドルに専用レンチを装着してオイルフィルターをゆるめる

必ず、オイルをドレンから抜いたあとでフィルターをはずすこと。それでも絶対にフィルター取り付け部からオイルが出てくる。廃油受けを置いてから作業開始しよう。

オイル交換時にオイルを抜いた状態でフィルター交換しよう

2 オイルフィルターをはずすとオイルが出るので廃油ボックスなどを下に置いておこう

エンジンの構造で多少の違いはあるが、オイルが出てくるのは確実だ。ドレンからオイルを完全に抜き、ドレンボルトを締めたあと、廃油受けを適切に置いてフィルターをはずす。

3 新しいオイルフィルターのOリングにエンジンオイルを塗っておく

新品フィルターを密着させ漏れをなくすために、取り付け前にOリング（写真を参照）にエンジンオイルを塗っておく。

最初は手で締める

4 オイルフィルターを締め込む

エンジン側フィルター取り付け部の汚れを拭き取って作業開始。フィルターは、手で強く締めたあと、レンチを使って90度だけ締めるのが鉄則。

STEP 4

冷却システムのメンテナンス

空冷エンジンと水冷エンジン それぞれの点検&清掃

空冷の場合はきちんと洗車をしていれば基本的には問題ない。しかし水冷エンジンは、点検とメンテナンスの必要性がある。しっかり管理してエンジン性能を維持しよう。

- **空冷エンジンの点検……　6,000km走行ごと or 6ヶ月ごと**
- **水冷エンジンの点検……　3,000km走行ごと or 6ヶ月ごと**

風で冷やすシンプルな冷却システム！

空冷エンジンの冷却フィンのメンテナンス

ラフロードを走行するオフロードタイプや、デュアルパーパスは、シリンダーフィンが泥などで目詰まりしないよう、洗車時に高圧水でシリンダーフィンも丁寧に洗おう。

空冷エンジンの冷却フィンはエンジンの表面積を増やすことで放熱効果を高めている

冷却フィンを小さなブラシで清掃する

やわらかいブラシで冷却フィンについた泥や埃を除こう。水で洗う場合、エンジンが手で触れるまで冷めてから作業しよう。

用意するもの

① 小さめのブラシ
やわらかいナイロンブラシや使い古した歯ブラシなど。

064

「デュアルパーパス」…オンロードとオフロードの2つの用途に対応するバイク。

冷却水を循環させてエンジンを冷やす!

水冷エンジンの冷却システムのメンテナンス

冷却水不足はオーバーヒートの原因だ。水冷のラジエターも空気の通り道の確保が大切。
ラジエター面積の20%が目詰まりしたら、オーバーヒートしやすいので注意しよう。

適度な水圧でラジエターを洗浄する

洗車時にラジエターも洗う習慣をつけよう。前面から水圧をかけ、ブラシで洗うと効果的だ。ラジエターの裏側には電動冷却ファンが付いているバイクが多いので、裏側を洗浄するときは電気配線に注意しよう。

虫やゴミがはさまっているときはナイロンブラシでこする

頻繁に高速走行をするバイクのラジエターには、虫の死骸や泥埃が詰まっている。放置すると冷却効率が低下するから、やわらかなブラシで丁寧にこすり落とす。少々の冷却フィンのつぶれは、触らない方が無難だ。

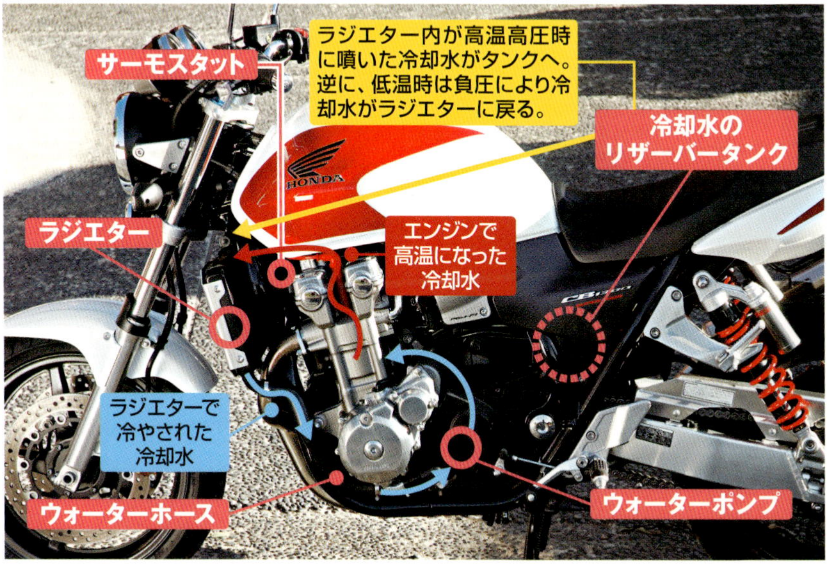

水冷エンジンの冷却システムの概略

左図の青と赤のラインは、冷却水の流れを表している。エンジン内部にある冷却水(クーラント液)は、ウォーターポンプによってエンジン内部の水路を強制的に循環する。エンジン内部でめぐって高温になった冷却水はラジエターに戻り、ラジエターの放熱効果で温度を下げる。こうして冷却水の循環を繰り返すシステムが、水冷エンジンの冷却システムというわけだ。また、水温を察知して冷却水の流量を調整しているのがサーモスタットだ。

ラジエターの重要な役割り

高温になった冷却水を冷やすラジエーターには、細かな編み目状になった水路(コア)がある。そこにあたる風(空気)を利用して放熱するしくみだ。

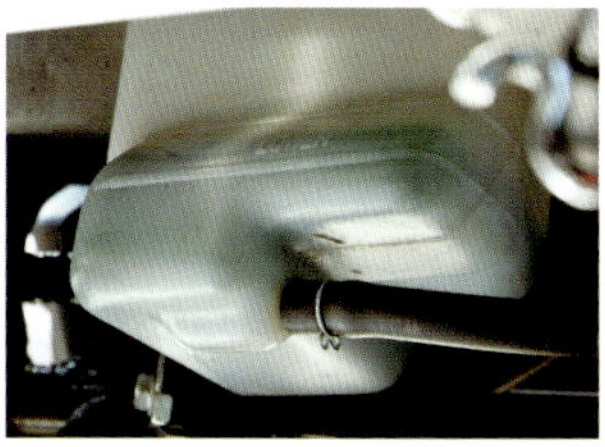

冷却水のリザーバータンク

高温になりすぎラジエターから吹きこぼれた冷却水を一時的に貯め、温度が下がったときは負圧を利用してラジエターに戻す貯水タンク。

補充はクーラント液を使おう!

ラジエター冷却水の点検&補充

ラジエターの冷却水は、必ずクーラント液を使おう。クーラント液を各バイク指定の濃度に薄めて使うのが鉄則だ。水だけを補水するとエンジン内部を錆びさせ故障の原因になる。

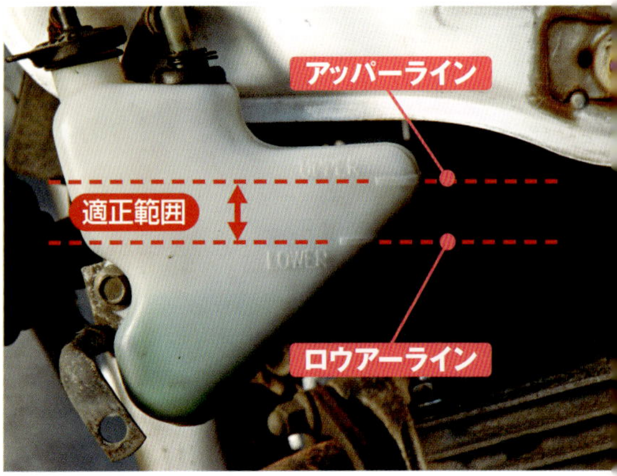

1 ラジエターのリザーバータンクを点検する

まずはクーラント液が適正範囲にあるかを確認。経年変化と汚れで外観からは判断できないこともあるから慎重に。フタの密閉度も重要だから同時に点検しよう。

2 クーラント液が減っていたら補充する

リザーバータンクを点検してクーラント液の量を確認しよう。少しの減りならエンジンが冷えているときにアッパーライン付近まで補給すればOKだ。

ONE POINT クーラント液の交換について

メーカーが2年に1度の交換を指定している場合でも、きちんとクーラント液を補給していればあまり神経質に交換する必要はない。4〜5年に1度リザーバータンク内を交換し、6〜10年に1度は全交換しよう。全交換はリザーバータンクとエンジンのドレンから行なうが、エア抜きなどが必要なので専門店に行こう。

用意するもの

①

① クーラント液

基本的に赤色と緑色の2種類がある。色を混ぜて使わないこと。価格により原液の濃度が違うので注意しよう。

※水道水はサビや破損の原因になるので使わないこと

高い圧力がかかるパーツ

ラジエターキャップを点検しよう!

ラジエター内部は高圧になるからキャップは重要だ。冷却水の減りが激しい場合は、最初にキャップを疑ってみる。水温が適正値を示さないときはサーモスタットを点検しよう。

スプリングの弱りを点検する

破損やバネ圧をチェックしよう!

ラジエター内部の圧力は、キャップのバネ圧で調節している。バネがへたると冷却水が逃げてしまい冷却水減少の原因になる。経験のない初心者が指先感覚で判断するのは難しいが、点検時にチェックしてみて破損やバネの弱さを感じたら交換しよう。

ラジエターキャップに注意する

ラジエター内部は高圧&高温になる!

エンジンが高温の場合、ラジエター内部は高温かつ高圧になっている。不用意に開けると、もの凄い勢いで吹き出して危険だ。点検は必ずエンジンが冷えているときに行ない、また、交換は純正部品かあるいは純正に準じる同等レベルの部品を使おう。

ラジエターに似た装置は?

オイルクーラー(空冷式)の清掃

基本的にラジエターと同じだ。水圧を利用して泥や埃を落とし、虫やこびりついた汚れは、やわらかいブラシを使ってこすり落とそう。オイルクーラーは、中身がオイルの小さなラジエターだと思えばいい。

オイルクーラーは、ラジエターと同じく比較的汚れやすい位置にある。

ONE POINT

ラジエターの電動ファンの点検

電動ファンは、渋滞時など走行風をラジエターが受けられないときに作動し冷却水を冷やす装置だ。スイッチの接点不良などで作動しないとオーバーヒートを引き起こす。水温計に注意して作動不良なら、早めに専門店に相談しよう。

冷却水が足りているのにオーバーヒートしやすいときはここをチェック

STEP 6

乾式エアクリーナーの点検

乾式エアクリーナーのメンテナンスは交換するか清掃で埃《ほこり》を取る!

最近の乾式エアクリーナーはビスカス式とも呼ばれ、清掃不要なタイプが増えている。しかし、汚れ具合を確認したり、酷い汚れを落とすことは必要だ。定期的に点検しよう。

点検のタイミング…… **5,000km走行ごと or 12ヶ月ごと**

バイクによって場所も形も違う!

エアクリーナーのはずし方

エアクリーナーの取りはずし方は車種により様々。ここでは一例を紹介するが、シートをはずすタイプも多くあるので事前に調べてから作業しよう。

1 サイドカバーをはずす

この車種は、ドライバーでネジをはずしたあとに、サイドカバーを手で引けば取りはずすことができる。おおむね他の車種もカバーは簡単にはずせるはずだ。

▼

2 エアクリーナーボックスから抜き取る

茶色に見える部品がエアクリーナー。横に引き抜くだけで取りはずせるが、必ず方向を覚えておこう。向きが自由な車種でも原則は同じ向きに戻すこと。

軽く叩いて仕上げはエアを吹き付ける!

乾式エアクリーナーの清掃方法

乾式エアクリーナーは本来エアコンプレッサーの高圧空気で清掃するのが基本だ。少し濡れた感じのビスカス式は即交換が原則だが、便宜的に軽く清掃する方法を紹介しよう。

乾式エアクリーナーは
ジャバラに
折りたたまれた濾紙だ
埃が付着

1 エアクリーナーを取り出すときは向きを覚えておく

写真のエアクリーナーはビスカス式だがL字型なので方向の心配はいらない。しかし筒状のエアクリーナーなどでも方向と角度まで同じに戻すことが基本的原則だ。覚えておこう。

2 石にあてたりプラハンマーで軽く叩いて埃を落とす

軽く叩いて大きな汚れを落とす。高圧空気で吹く場合は必ずエンジン側(インテーク側)から吹くこと。外気側から吹くと余計に目詰まりさせることもあるので注意しよう。

Step up!

エアコンプレッサーで埃を吹き飛ばす

完全な乾式エアクリーナーは高圧空気で埃を吹き飛ばすのが基本的清掃方法だ。コンプレッサーがない場合はビスカス式と同じように軽く叩いて埃を落とそう。どちらも汚れがひどいときは交換が最善のメンテナンス方法だと心得よう。

STEP 9

マフラーの排気漏れ点検

エキゾーストパイプの取り付け部&サイレンサーのつなぎ目をチェック!

排気漏れが起こるのは、基本的にはつなぎ目だ。下記写真のバイクのマフラーは一体構造だが、エキゾーストとサイレンサーが取りはずせるタイプは要注意だ。

点検のタイミング……　3,000km走行ごと or 6ヶ月ごと

日頃から排気音に気を配ろう!

マフラー各部の名称とチェックポイント

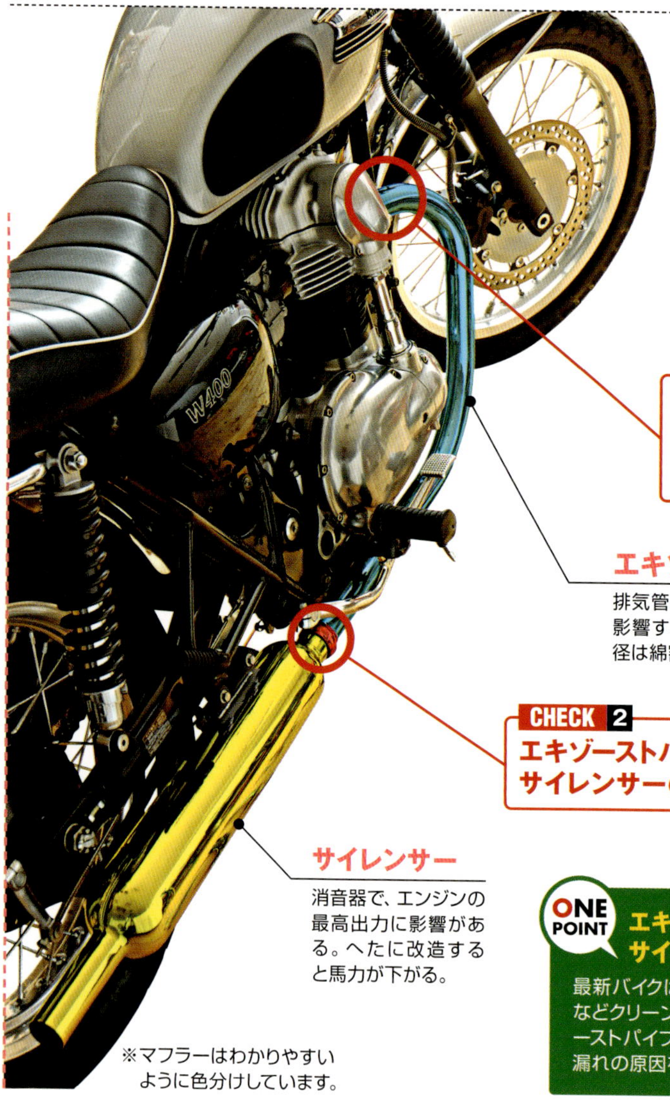

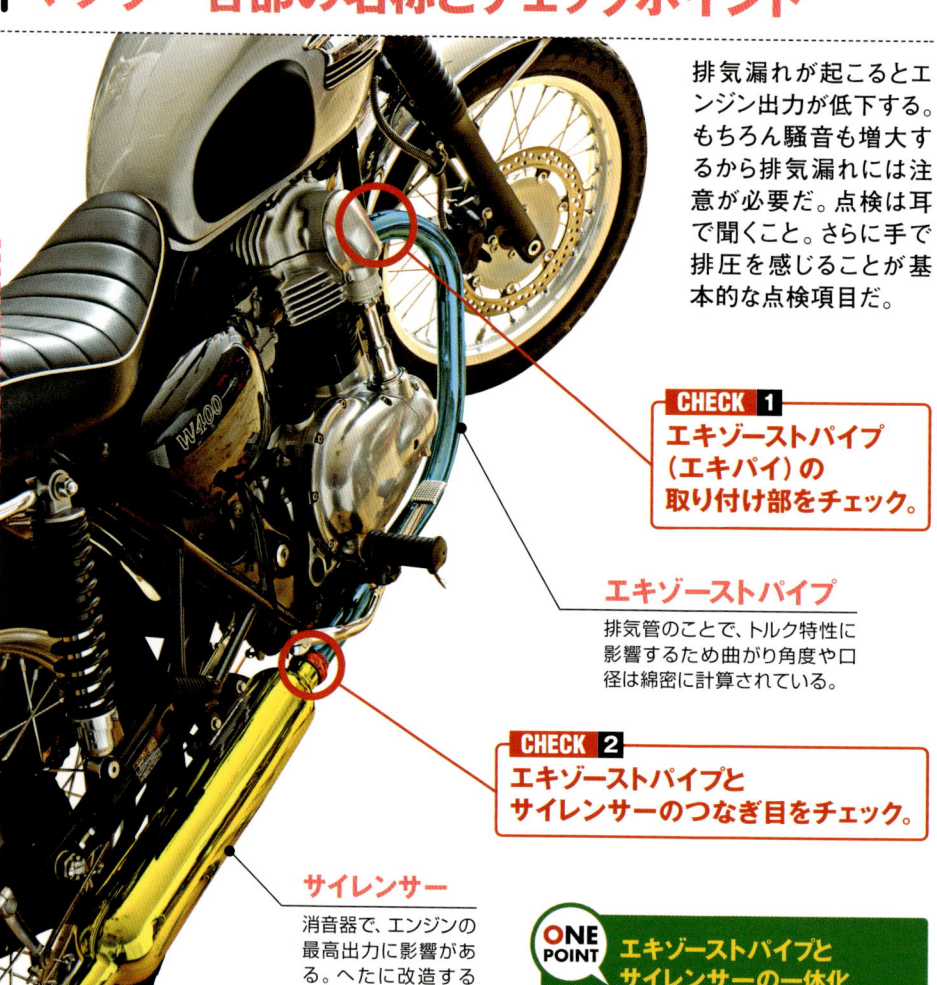

排気漏れが起こるとエンジン出力が低下する。もちろん騒音も増大するから排気漏れには注意が必要だ。点検は耳で聞くこと。さらに手で排圧を感じることが基本的な点検項目だ。

CHECK 1
エキゾーストパイプ(エキパイ)の取り付け部をチェック。

エキゾーストパイプ

排気管のことで、トルク特性に影響するため曲がり角度や口径は綿密に計算されている。

CHECK 2
エキゾーストパイプとサイレンサーのつなぎ目をチェック。

サイレンサー

消音器で、エンジンの最高出力に影響がある。へたに改造すると馬力が下がる。

※マフラーはわかりやすいように色分けしています。

ONE POINT
エキゾーストパイプとサイレンサーの一体化

最新バイクは排気ガス浄化装置を設けるなどクリーン化がはかられている。エキゾーストパイプとマフラーの一体化は、排気漏れの原因を減らす措置でもある。

音と風で判断しよう!

エキゾーストパイプの取り付け部を点検する

簡単にゆるむ箇所ではないが、定期点検は欠かせない。あくまでも、ゆるみの確認なので締めすぎは禁物。いつもと違う排気音が聞こえたら、入念に点検しよう!

用意するもの

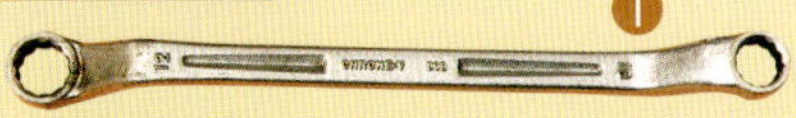

❶適合するメガネレンチ
ネジを破損しにくいメガネレンチを必ず使用。多用するサイズのレンチは購入をすすめる。

1 排気圧に異音がないか確認する

エンジンを始動して、耳を近づけて排気漏れの音を聞いたり、手を近づけて排圧を感じよう。熱くなる箇所なのでくれぐれもヤケドに注意!

2 ネジのゆるみがあれば締めておく

漏れがある場合はレンチを軽く振りネジのゆるみを確認して、漏れが止まる程度にネジを締める。普段は確認が点検作業だ。

Attention!
ネジを締めすぎたらダメ!
エキゾーストパイプの取り付け部は構造上締めればドンドン締まる箇所だ。締めすぎは禁物!

こちらも風と音で!

サイレンサーのつなぎ目を点検する

純正マフラーならまず排気漏れは起こらないが、社外品に換えると漏れる場合がある。騒音や出力低下を招くので必ず修理しよう。

ONE POINT
ネジ留めの場合はゆるみがあれば締める
つなぎ目には固定するための金具とネジがある。ゆるみを見つけたら、ネジを締めること。

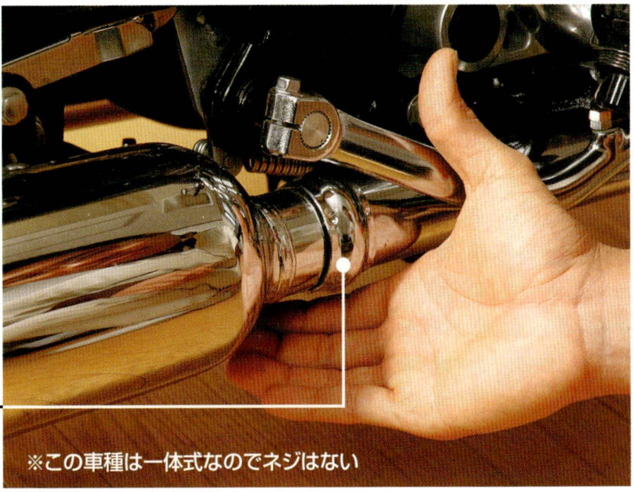

※この車種は一体式なのでネジはない

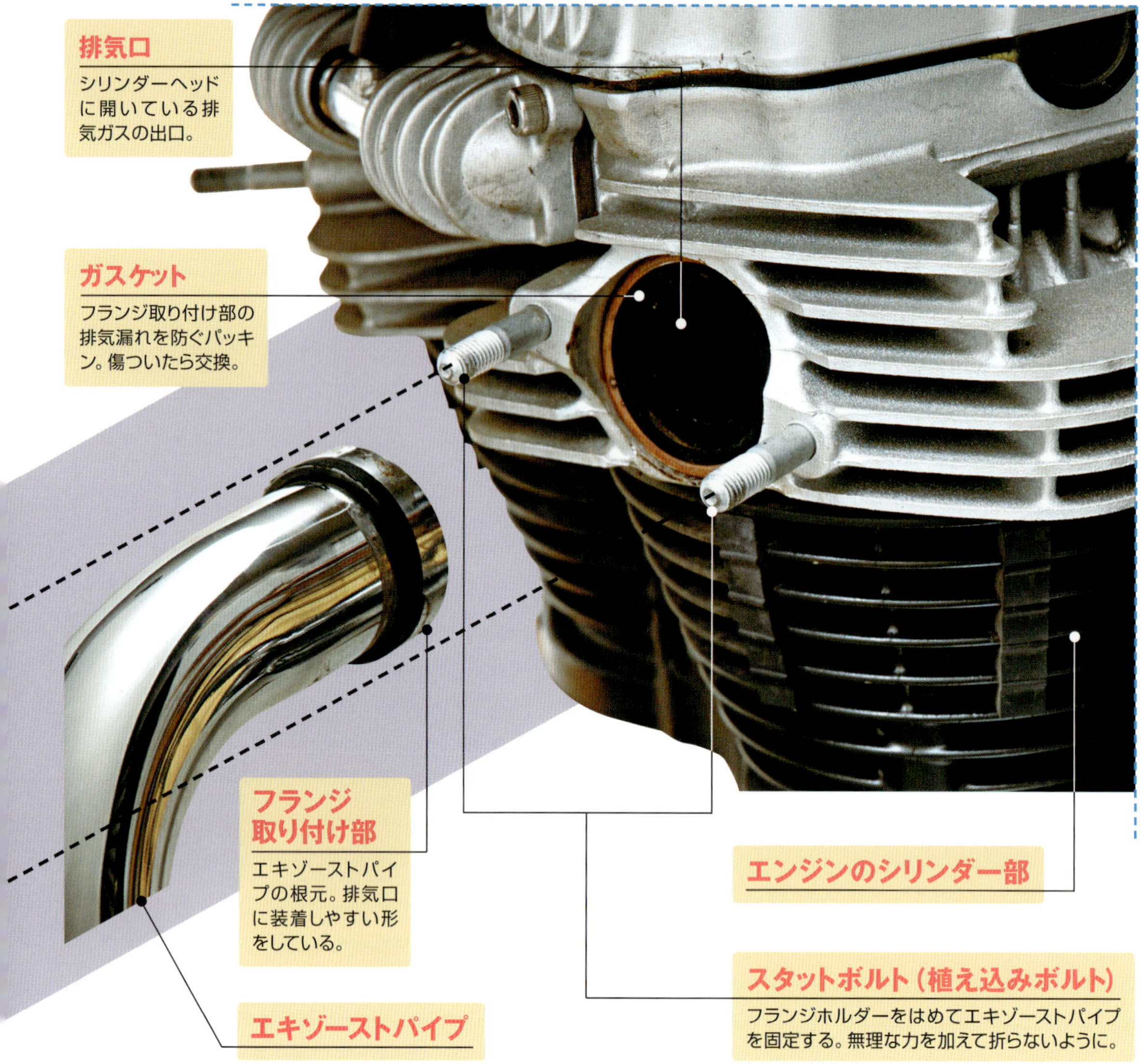
排気口
シリンダーヘッドに開いている排気ガスの出口。
ガスケット
フランジ取り付け部の排気漏れを防ぐパッキン。傷ついたら交換。
フランジ取り付け部
エキゾーストパイプの根元。排気口に装着しやすい形をしている。
エキゾーストパイプ
エンジンのシリンダー部
スタットボルト（植え込みボルト）
フランジホルダーをはめてエキゾーストパイプを固定する。無理な力を加えて折らないように。

メンテナンスがやりやすくなることもある!

マフラーを取りはずす場合の注意点

最近のバイクは故障しにくくなった。しかし、構造が複雑になり、メンテナンスがやりにくいといえる。タイヤなどの足まわりを点検するとき、マフラーを取りはずした方が作業しやすい場合もあるのだ。

Point 01 マフラーを取りはずす手順&コツ

まず、フランジホルダーのナット、フランジホルダー、フランジをはずそう。それからサイレンサー取り付け部をはずす。2人で作業すれば初心者でも簡単だ。

Point 02 マフラーを装着する手順&コツ

フランジ部を仮り留めし、次にサイレンサー取り付け部も仮留めする。全体の位置をピタリと決めてからフランジ部、マフラー取り付け部のナットを確実に締めよう。

マフラーの役割り

基本は消音器だが、エンジンの出力にも大きく関係するのがマフラーだ。純正マフラーは低速から高速まで均等に力が出るように設計されている。最近は、排気ガスの浄化機能も備える。

マフラー各部の名称

1. フランジ取り付け部
2. エキゾーストパイプ
3. サイレンサー部とのつなぎ目
4. 左右マフラー連結パイプ
5. サイレンサー取り付け金具
6. サイレンサー

Step up!

2ストロークエンジンのマフラーについて

チャンバーともいう。排気や吸気の効率を上げ（充填効率）、排気ガスとともに排出されてしまった混合気を再びシリンダー内に押し戻す機能を担うため形状が特徴的だ。

フランジ

一対のフランジでエキゾーストパイプをしっかり押さえる。またクサビの役割りを果たす。

フランジホルダー

フランジを押さえる金具。メーカーによって呼称が微妙に違うが構造は基本的に同じ。

ナット

フランジ取り付け部をスタットボルトに固定するネジ。

Column for BEGINNER

自動車用のオイルをバイクに使ったら!?

同じようでもバイク用オイルと自動車用オイルの性質は違う。オイルは共用しないことが原則だ

6輪族は注意しよう！

バイクと自動車、両方所有する人を6輪族と呼ぶらしい。メンテナンスに興味があり本書を購入してくれた方の中には、自動車のオイル交換くらいは自分でやる人もいると想像するが、バイク用オイルと自動車用オイルの性質と特徴を知って使い分けているだろうか？　少し心配なので書くことにする。

例えば、自動車とバイクを合わせたオイル使用量の合計が、ちょうど4リットル缶ひとつで間にあえば、自動車用オイルをバイクと共用したくなるのが人情だ。だが、自動車用オイルには減摩剤が混入されていることをご存知だろうか？　この減摩剤はバイクのクラッチを滑らせるから要注意だ（乾式クラッチの大型バイクは例外）。また、100％化学合成の自動車用オイルをバイクに使うとオイル消費量が急激に増えることもある。エンジンオイル容量が少ないバイクではとても危険な状態になる。逆の意味で、バイク用オイルは自動車には使わないほうが無難なのだ。2輪と4輪のオイル共用はやめた方が得策だと心得よう。

PART 4

電気系のメンテナンス

プラグやバッテリーは日常メンテナンスが重要だが、
バルブ切れなどは突発的トラブルへの対処が求められる。
知識として覚えておけば、出先でも安心だろう。

STEP 1

プラグの点検と清掃&交換

プラグの焼け具合を見れば エンジンの調子がわかる!

プラグを点検すれば、エンジンの調子や、自分の乗り方がある程度は判断できる。プラグ先端がキツネ色に焼けていればエンジンは好調で、ほぼ問題なしといえる。

点検のタイミング……	5,000km走行ごと or 12ヶ月ごと
交換のタイミング……	10,000km走行ごと

汚れていたら清掃か交換を!

プラグの焼け具合をチェックする!

プラグの先端が乾いていてキツネ色に焼けていればエンジン好調の証だ。しかし白く焼けていたり、黒くカーボンやオイルが付着している場合は問題があると判断できる。

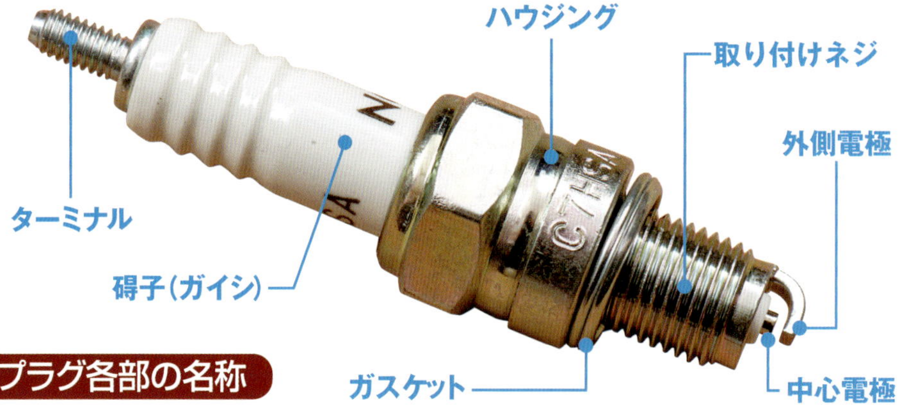

プラグ各部の名称

ONE POINT プラグの焼け具合で エンジンの健康診断!

① ほんのりキツネ色
エンジン好調な証拠だ。エンジンには何も問題がない。エンジンの使い方(バイクの乗り方)も正しい。

② 電極が白く焼けている
燃料が薄いか高回転を多用しすぎる傾向がある。プラグを高速型に変えるか、燃料を濃くして対処しよう。

③ 電極が黒くすすけている
黒いだけなら空燃比の問題。オイルの付着はシリンダー内の摩耗が心配だ。短距離走行が多いとすすが付着する。

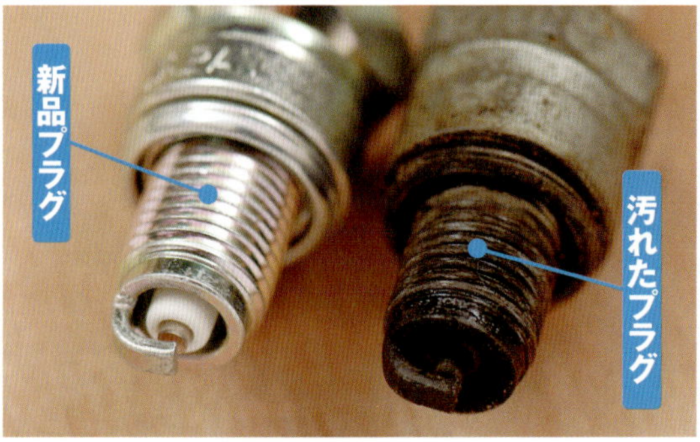

焼け色で空燃比をチェックする

空燃比とはガソリンと空気の混合比率のこと。適正な場合は、プラグがキツネ色に焼ける。白い場合はガソリンが薄く、オーバーヒートしやすい状態。黒い場合はガソリンが濃いときだ。

ウエス(布)で拭くのもいいが本格的にやるなら!

プラグを念入りに清掃する方法

チェックのためにプラグを取りはずしたら、きれいに清掃してから取り付けよう。ワイヤーブラシでこすったあとは必ず空気(息を強く吹くでも可)を吹きかけてゴミを飛ばそう。

プラグの電極をやわらかめのワイヤーブラシで掃除する

やわらかいワイヤーブラシを使い、中心電極とその回りについた付着物を取り去ろう。掃除後は必ず空気でゴミを吹き飛ばすこと!

用意するもの

❶

❷

❶ **サンドペーパー(600〜800番)**
中目のサンドペーパーを使う。電極の角を立てることが目的だ。

❷ **やわらかいワイヤーブラシ**
中心電極の回りについたカーボンなどを除去するために使う。

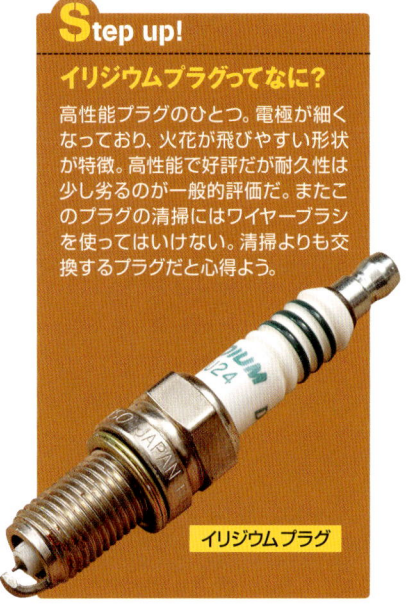

ONE POINT プラグを装着するときは取り付けネジにモリブデングリス(耐熱性)を塗ろう!

プラグをプラグホールに取り付ける前にモリブデングリスを薄く塗っておくと、プラグの固着を防ぎ、取りはずし作業がスムーズにできる。この方法は定期的に取りはずすことのあるネジすべてに応用できるから、ぜひ実行して欲しいおすすめの裏技だ。グリスを電極につけないように、薄く塗るのがコツだ。

モリブデングリス
モリブデンを配合した高温耐性のあるグリス。汎用性も高い。

薄く薄くグリスを塗ること。万一電極にグリスをつけてしまった場合は丁寧に取り去ってから取り付ける。

Step up! イリジウムプラグってなに?

高性能プラグのひとつ。電極が細くなっており、火花が飛びやすい形状が特徴。高性能で好評だが耐久性は少し劣るのが一般的評価だ。またこのプラグの清掃にはワイヤーブラシを使ってはいけない。清掃よりも交換するプラグだと心得よう。

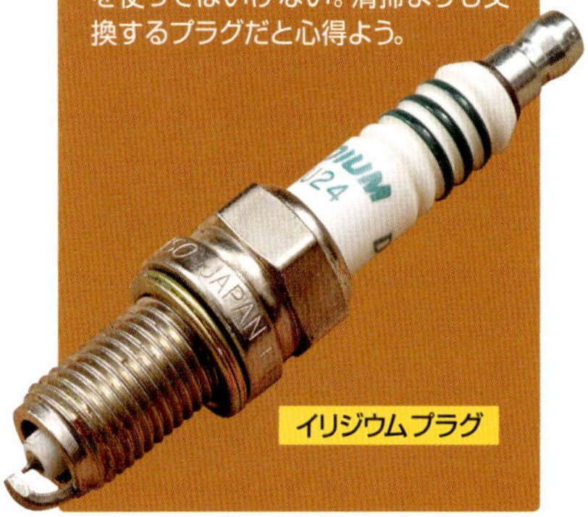

イリジウムプラグ

外側電極は意外とデリケートだから注意しよう!

電極のエッジを立ててギャップ（すき間）を調整する方法

プラグの摩耗は中心電極と外側電極が摩滅しておこる。丸くなった中心電極から火花は飛びにくいのだ。また外側電極との隙間も広がると火花は飛びにくくなってしまう。電極を磨き、すき間を調整して復活させる。

用意するもの

❶ **シックネスゲージ**
すき間を測るための極薄い板が何枚もセットになった工具だ。プラグゲージと呼ぶ専用工具もあり、どちらかを用意しよう。またここでは600番～800番のサンドペーパーも用意する。

1 電極のすき間にサンドペーパーを差し込みエッジを立てるようにして磨く

プラグの掃除が済んだら、電極のすき間にサンドペーパーを入れて磨く。中心・外側の両電極にエッジ（角）を立てるように磨くのがコツ。サンドペーパーを2つ折りにすると効率がいい。

2 ハンマーなどで軽くコツコツ叩いてギャップを詰める

磨いた電極のすき間は微妙に広がってしまう。適正な値に調節しよう。すき間の適正値は各車の取扱説明書に記載されているので参照すること。詰めすぎたら広げれば問題ない。

3 シックネスゲージを差し込みながら正しく調整する

取扱説明書に従いギャップ（すき間）を調節する。シックネスゲージかプラグゲージを使い、正確に行なうことが大切だ。少し狭いと感じるくらいが丁度いいギャップだ。

古いプラグの電極が丸くなって性能が落ちたらエッジを立てる

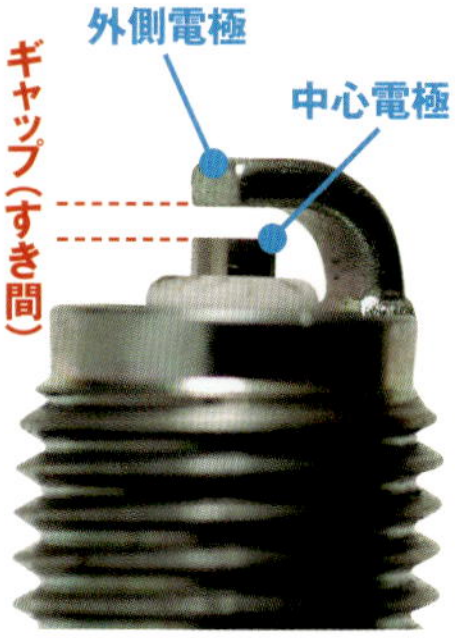

プラグ交換がベスト

プラグ清掃やすき間調節は専門店はほとんどやらない。新品プラグに交換した方が安く済むし効果的だ。ただ、交換する前に自分でやれば楽しみながら節約も可能だ。

「ギャップ」…ここではプラグ電極のすき間のこと。バイクの場合およそ0.7～1.1mmになる。

車種によって多少の違いあり!

プラグをはずす方法

最新エンジンに装着されるプラグは、燃焼効率を上げるため燃焼室の頂上付近にあって、取りはずし作業がやや複雑になっている。ここで一例を紹介するので参考にしてほしい。

用意するもの

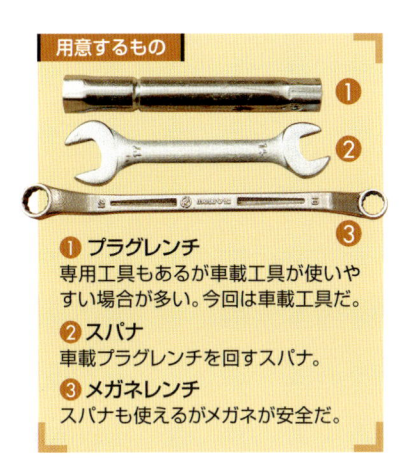

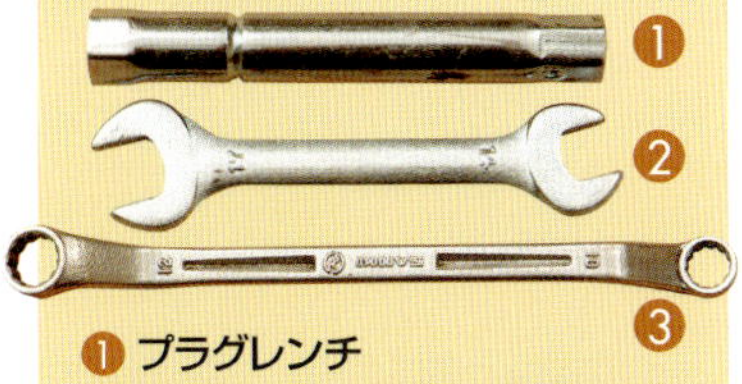

❶ プラグレンチ
専用工具もあるが車載工具が使いやすい場合が多い。今回は車載工具だ。

❷ スパナ
車載プラグレンチを回すスパナ。

❸ メガネレンチ
スパナも使えるがメガネが安全だ。

Attention!

プラグの番数(熱価やサイズ)に注意!

プラグを交換する場合、必ず同じサイズのプラグを選択すること。また番数は必要がなければ変更しないことがエンジンを好調に保つコツだ。必ず品番を確認してから購入しよう。

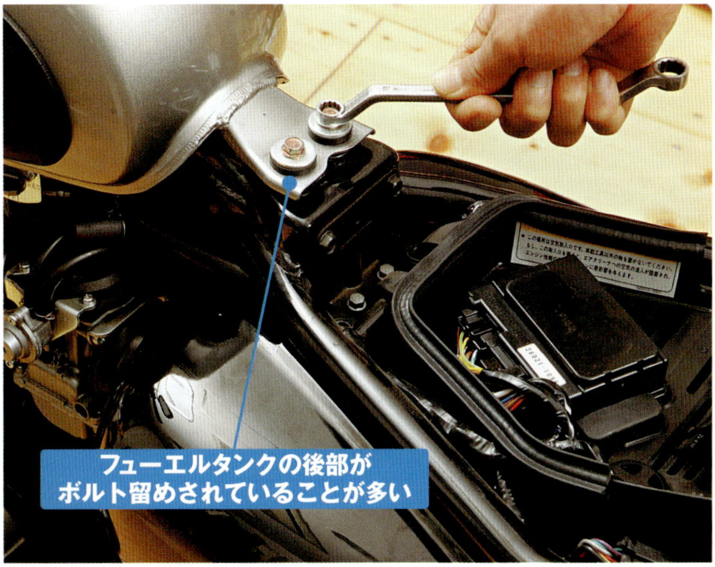
フューエルタンクの後部が
ボルト留めされていることが多い

1 シートをはずしてフューエルタンクを固定しているボルトをはずす

イグニッションキーでシートをはずしたら、フューエルタンク後部にある固定ボルトを2つ取りはずそう。作業はスパナでも可能だが、メガネレンチがおすすめだ。

後方にスライドさせてストッパーから
タンクをはずしてから持ち上げる

2 フューエルタンクをはずす

フューエルコックの位置を確認して(モデルバイクはON)から、フューエルホースをはずす。次にタンク後部を持ち上げながら後方にスライドさせてタンクを取りはずす。

▶フューエルホースの抜き方はP076へ

2つのプラグキャップ
&プラグ差し込み口

3 通常は気筒数(ピストンの数)と同じプラグ差し込み口がある

モデルのバイクは2気筒なのでプラグも2つある。外車など、まれに「ツインプラグ」と呼ばれ、1気筒に対し2つのプラグを使う車種もあるが、ほとんどのバイクは気筒数とプラグの数は同じだ。

←次ページへ続く

4 プラグキャップを抜く

プラグキャップの根元を持ってまっすぐ引き抜こう。かなり力が必要な場合もある。反動で手などにケガしないで！

5 プラグ差し込み口が現れる

最新エンジンのプラグホール（穴）は深い場合が多い。周辺についた埃や汚れをプラグホールに落とさないようにしよう。

6 プラグレンチを差し込む

確実に差し込むことが大切だ。このプラグレンチは、内部にゴムが仕込んであり、プラグをくわえるようになっている。

7 プラグレンチにスパナをはめて内部のプラグを回す

ここでやっとプラグをゆるめる作業開始だ。プラグが固く締まっている場合は無理せず、柄の長いメガネレンチを使おう。

8 空回りするのを感じたらプラグレンチをそっと抜き取る

スパナでゆるめたら、手でプラグレンチを回して取りはずす。感触が軽くなったらプラグレンチを引き抜くとプラグが現れる。

9 プラグレンチの先にプラグがはまった状態で出てくる

プラグレンチにくわえられたままプラグが出てくる。くれぐれも、プラグホールに異物を落とさないよう注意して作業すること！

はずすときと逆の手順で!

プラグを装着する方法

取りはずしたプラグを点検して、清掃、磨き、ギャップの調節が済んだら取り付けよう。そのとき、プラグの締め付けには細心の注意を払うこと! 締めすぎはここでも厳禁だ。

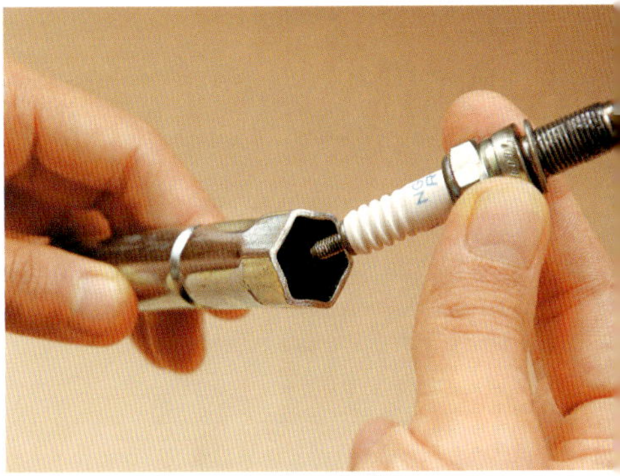

1 プラグレンチにしっかりはめ込む

レンチにプラグをくわえさせる。レンチによってこの構造を持たないので、車載工具が使いやすい。

2 プラグホール(穴)に挿入したら奥まで入れる

レンチにプラグを取り付けたままレンチをプラグホールに差し込む。斜めに入れないように注意!

3 最初に手で締め込めるだけ締めておく

はじめから軽く回らない場合は、プラグホールにまっすぐ入っていない。最初からやり直しだ。

1/4回転させる
あとはプラグキャップをしっかり装着しよう

4 最後にスパナをはめて4分の1回転だけ締めればOK!

指先に力を込めて締め上げたら、最後にスパナを使って約1/4回転だけ締めれば作業完了。プラグが折れるので絶対に締めすぎてはいけない。

STEP 2

バッテリーの清掃と点検

MF（メンテナンスフリー）バッテリーと開放型バッテリーの2種類がある！

主流はMFバッテリーだ。基本的にはメンテナンス不要のバッテリーだが、ターミナル付近を点検しよう。また、ここでは従来の開放型バッテリーとの違いも見てみよう。

- **MFバッテリーの点検……　5,000km走行ごと or 6ヶ月ごと**
- **開放型バッテリーの点検…　1,000km走行ごと or 1ヶ月ごと**

MFでも外側の汚れは掃除しよう！

MF（メンテナンスフリー）バッテリーの清掃

メンテナンスフリーだから、バッテリー自体にはすることがない。しかし、ターミナルと呼ぶ接点の清掃と締まりの確認は必要だ。まず愛車のバッテリーを取り出して確認しよう。

バイクによってバッテリーの設置場所が違うが、だいたいサイドカバーの奥か、シートの下に納められている！

用意するもの

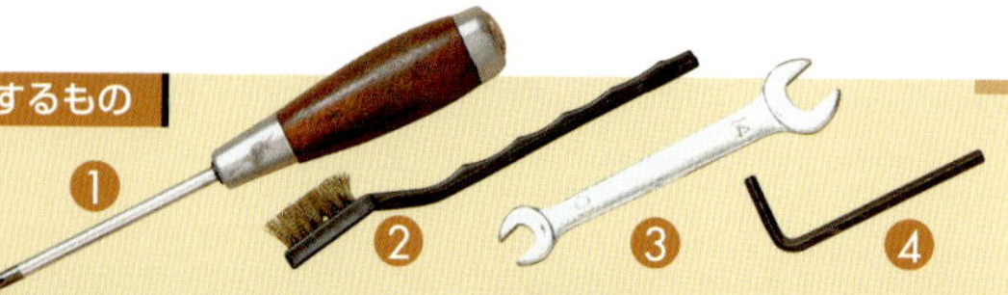

❶ プラスドライバー
必ずネジとサイズが合うドライバーを使用することが肝心だ。

❷ やわらかいワイヤーブラシ
ターミナルの清掃に使う。使い古しの歯ブラシで代用も可能だ。

❸ スパナ
バッテリーカバーをはずす。軽く回るので車載工具で充分だ。

❹ 6角レンチ
モデルバイクのサイドカバーをはずすのに必要な車載工具。

1 サイドカバーのネジをはずす

モデルバイクは6角レンチでサイドカバーをとりはずすタイプ。傷をつけないように注意。

2 バッテリーカバーもしくはゴムベルトをはずす

モデルバイクにはバッテリーカバーが装備されているが、ゴムバンド留めの車種も多い。

3 バッテリーを引き出す

現れたバッテリーを少し手前に引き出す。まだ配線がついているので無理はしないこと。

4 最初にマイナスの端子（ターミナル）の配線からはずす

先に、マイナス側（黒キャップ）のバッテリーアースをはずせば、電気が流れなくなる。どうでもいいように思えるが、トラブルを回避するためにも手順を守ろう。

5 プラスの端子（ターミナル）の配線をはずす

通常は赤いキャップがついている方がプラス電極だ。一目瞭然なので間違えないように作業しよう。マイナス側をはずしたらプラス側をはずす。これで取り出せる。

端子をはずすときは最初にマイナス側をはずしてからプラス側をはずそう！

←次ページへ続く

Attention!

バッテリーを装着するときは最初にプラス端子を配線して、最後にマイナス端子を取り付けること！

バッテリーを取り付ける際は、はずすときと逆の手順で。先にマイナス側を付けてしまうと、プラス側を取り付けるとき電気が流れて大きな火花が飛ぶこともあり危険が伴う。作業手順は基本をおろそかにしないことが大切だ。

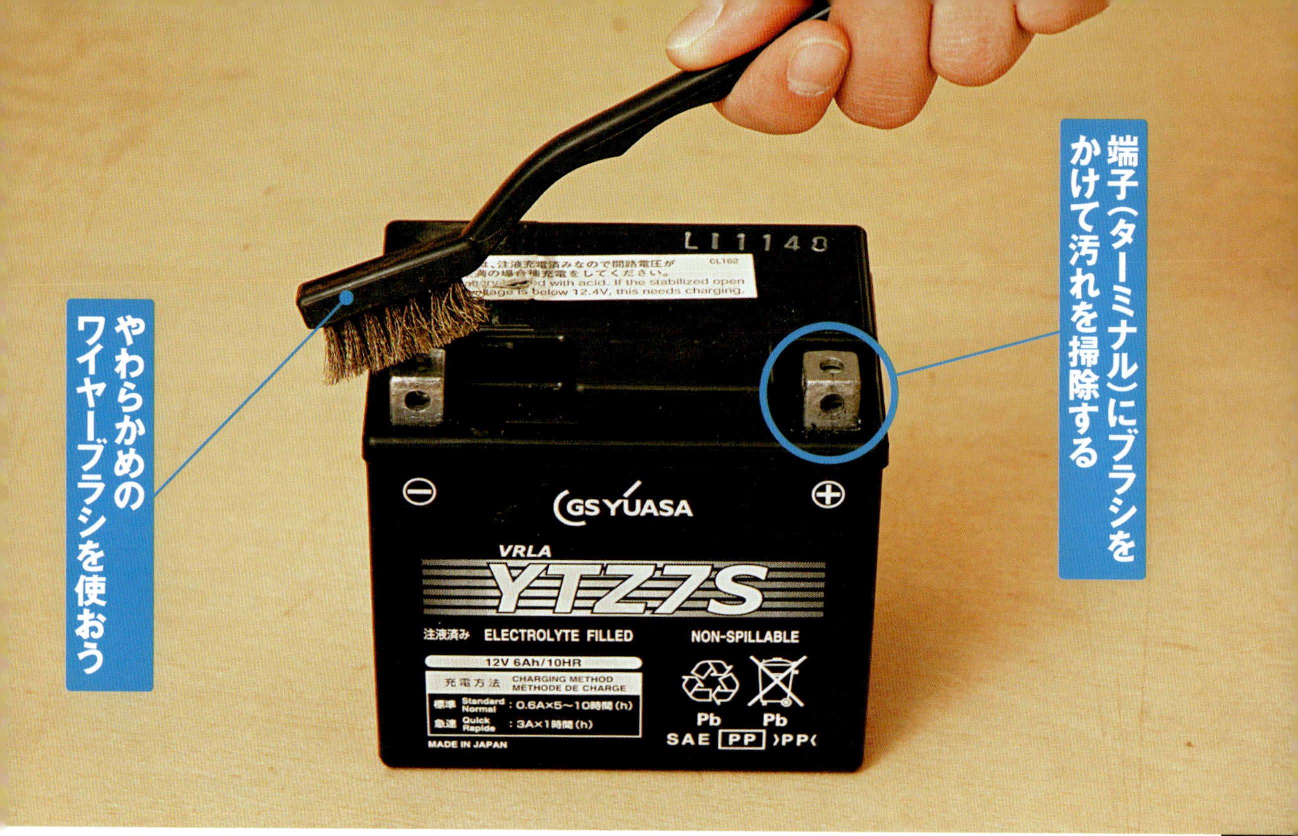

6 やわらかめのワイヤーブラシで端子（ターミナル）を掃除する

MFバッテリーの端子は、開放型バッテリーに比べると汚れにくいが、それでも腐食や錆びは発生する。端子の汚れは通電の抵抗になるので常に清掃しておこう。それが、エンジン性能を最大限に発揮させせることにつながる。

7 バッテリーを装着するときはプラス端子から取り付ける

端子をきれいに清掃して周辺の汚れも拭き取ったら、バッテリーを取り付けよう。はずすのと逆の手順で行なって、端子のネジを確実に締めよう。

Step up!

テスター（測定器）で電圧を測る！

12ボルトのバッテリーは完全な状態なら12.5ボルト以上ある。もし10ボルト付近まで低下していたら、充電や交換が必要だ。MFバッテリーを完全に放電させせると、充電しても寿命が半減するから早めの充電が得策だ。

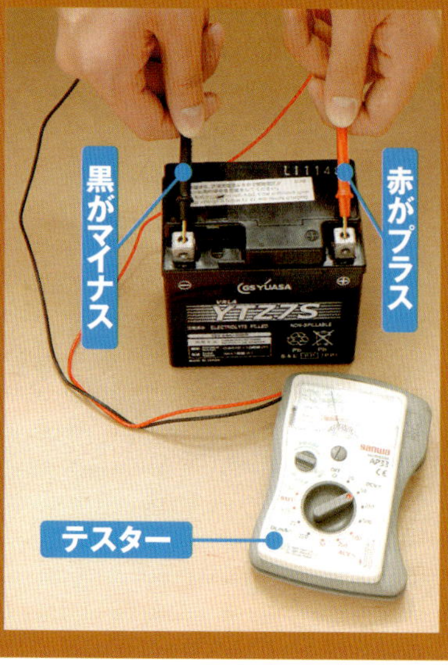

テスターがない場合、スターターの回転で状態を判断する

旧来のバッテリーはメンテナンス項目がたくさんある!

開放型バッテリーのバッテリー液を補充する

開放型バッテリーのバッテリー液(蒸留水)は確実に減少する。補充しないとバッテリーは性能を保てなくなり電圧低下を招く。補充には、必ずバッテリー液か蒸留水を使おう!

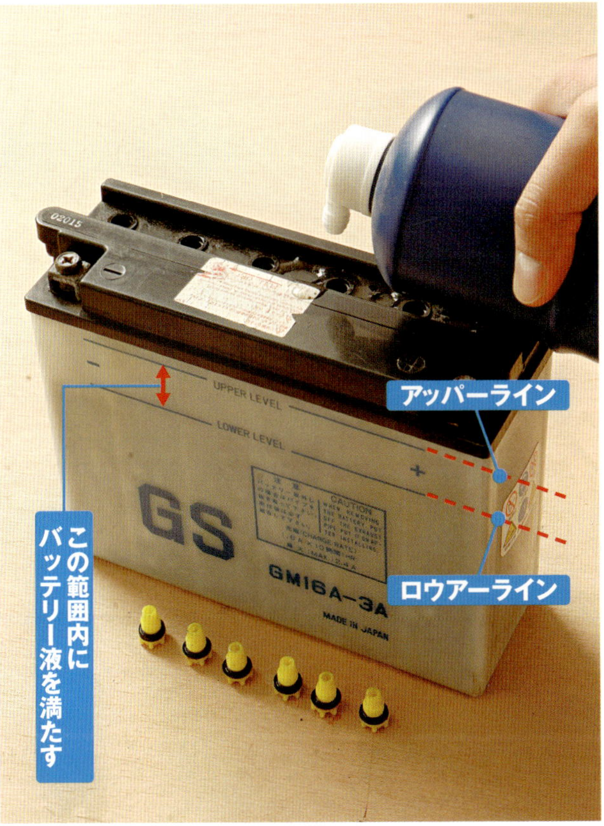

バイクの場合は
12ボルトのバッテリーには
6つのセル(区画)、
6ボルトのバッテリーには
3つのセルがある

もともと各セルは適正量のバッテリー液で満たされているはずだが、減り方は均一ではない。補充は、各セルの液面がそれぞれ適量になるように補充する。

1 バッテリーを水平に置き、各セルごとに不足分のバッテリー液を補充する

バッテリー液の補充は必ずアッパーラインまで! 入れすぎるとターミナル(端子)の腐食を呼ぶ原因になる。端子に緑青(錆び)が出る症状はバッテリー液の入れすぎが原因だ。

▼

2 端子(ターミナル)にグリスを塗って腐食を防ごう

端子が腐食する原因はバッテリー液の気化だ。機能しているバッテリー液は希硫酸。腐食予防にはグリス塗布が有効だ。

Step up!

比重計でバッテリー液の比重を測る

開放型バッテリーの状態をみる目安は、電圧の他にバッテリー液の比重がある。電圧だけでは測れないのが開放型バッテリーの特徴だ。電圧は上がるのにすぐに放電してしまう場合などは比重を計ってみよう。適正値に達しない場合は寿命だと判断し交換しよう。

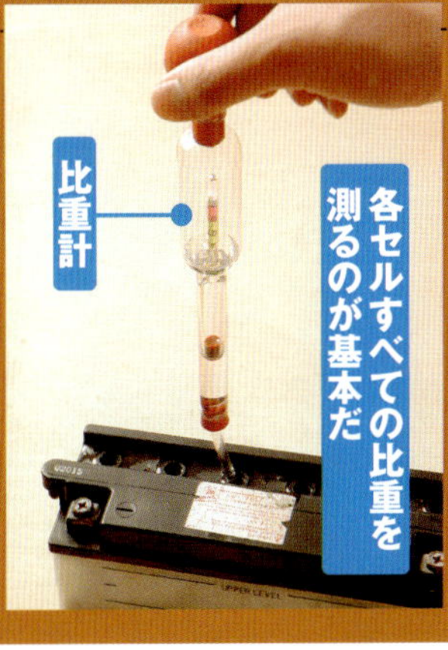

比重計の使い方は取扱説明書を参照

STEP 3 ヒューズを点検する

電気系が不調な場合はヒューズ切れや配線をチェック！

国産バイクは電気系統の精度が飛躍的に向上し、トラブルは激減しているが皆無というわけではない。電気系統の異常があったら、まず最初に点検するのはヒューズだ。

点検のタイミング……　電気系に不具合が出たとき

だいたいバッテリーの近くにある！
ヒューズボックス（ヒューズが入った箱）の場所

ヒューズボックスの位置は各車様々だが、大体バッテリー付近にあることが多いようだ。まずは愛車のヒューズボックスの位置を確認して、いざというときに備えよう。

用意するもの

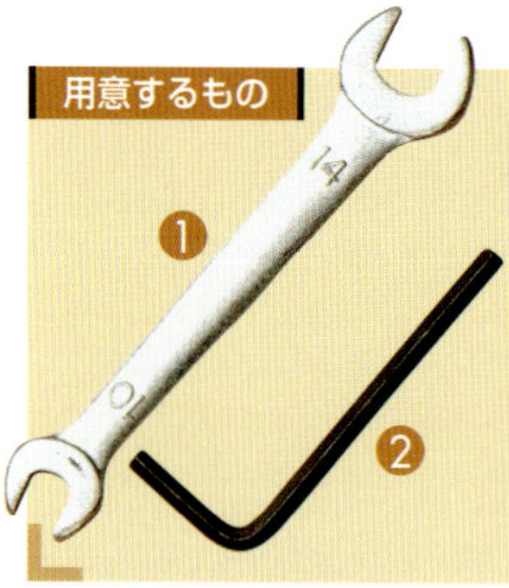

❶ スパナ
モデルバイクのサイドカバーをはずすときに使用。車載で充分だ。

❷ 6角レンチ
これもサイドカバーを取りはずすために使用。車載工具の一部だ。

- ヒューズボックスの中にヒューズが並んでいる
- バッテリーの近くにあることが多い
- 配線コネクター

ヒューズボックスを見つけたらフタをはずし中を確認しておこう。また予備のヒューズも備えると安心だ

電気系が作動不良になったら!

ヒューズの点検と交換方法

ヒューズは故障箇所のヒューズを交換するだけだが、原因が一時的なものでない場合は、ふたたび切れることもある。交換してもすぐ切れる場合には早めに専門店に相談しよう。

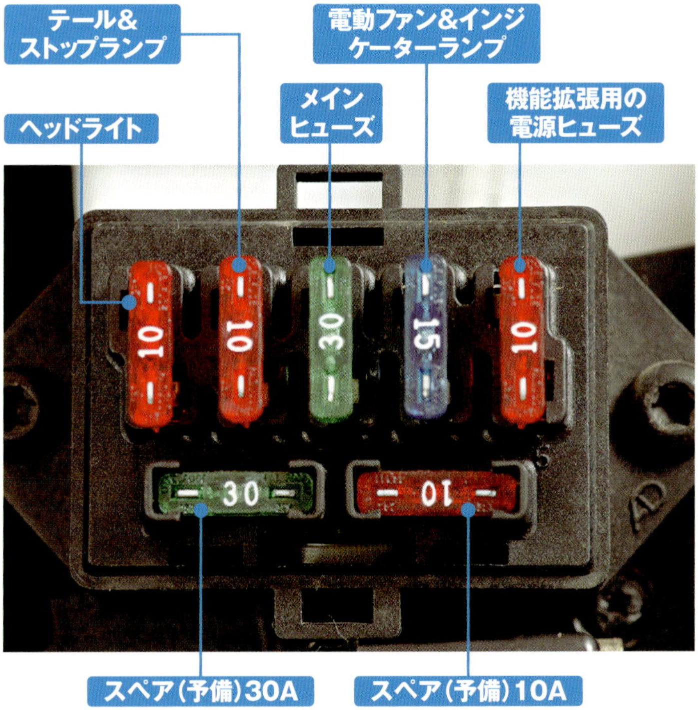

ヒューズボックスのフタ裏側に用途の記載がある

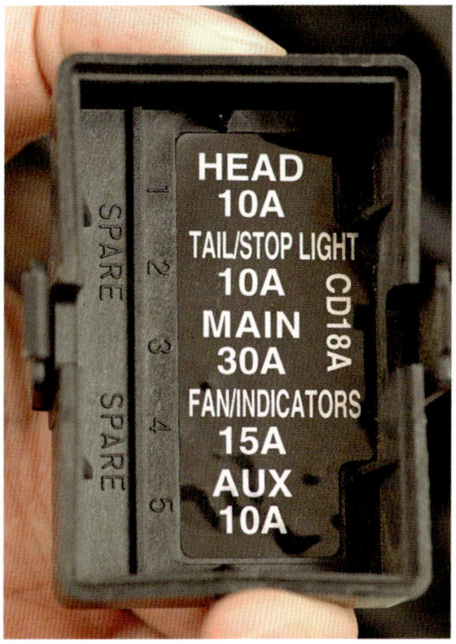

ヒューズボックスのフタには、使われているヒューズの目的と、必要なアンペア数が記載されている。フタの方向を間違えずに正しく見れば切れたヒューズを探すのも簡単だ。

1 不具合が出てる箇所のヒューズを引き抜いて点検

トラブルが発生したヒューズの位置を確認したらヒューズを引き抜き、もし切れていたら交換しよう。ヒューズが切れていない場合、他に原因がある。

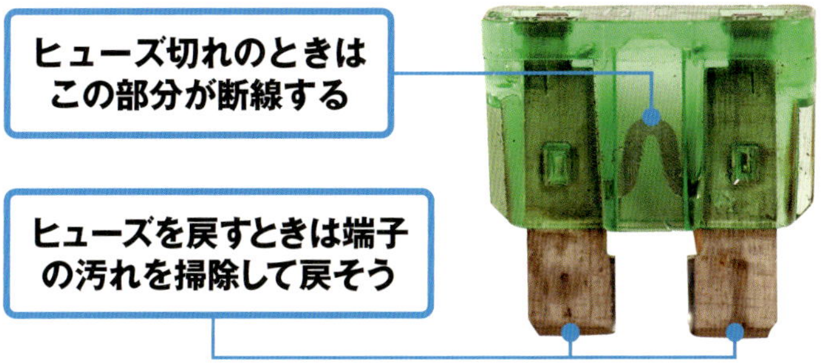

Attention!

配線コネクターのゆるみもチェック! 引き抜くときは配線コードを引っ張らないこと!

配線コネクターは普段は触らない箇所だが、ヒューズをチェックするときには確認しておきたい。配線に異常がなければ、コネクターを押し込むだけで済む簡単な作業だ。

微妙にゆるんでいることもあるコネクター

STEP 4

ヘッドライトの光軸調整

光軸が上下にずれていると走りづらいし周囲も迷惑する!

安全走行のため、あるいは周囲や対向車に迷惑をかけないため、ヘッドライトの光軸調整を覚えよう。ただし車検が目的ならテスターを利用して厳密に調整したい。

点検のタイミング…… 10,000km走行ごと or 24ヶ月ごと

あらかじめ正しい光軸を決めておく!

新車時や車検後に印をつけておくと便利!

光軸はずれるものだ。新車を購入したり、車検から戻って来たときは、ガレージの壁面などにハイビームを投影して、調整の基準になる正しい光軸位置をマークしておこう。

用意するもの

1

❶ プラスドライバー
光軸調整ネジを回すためのドライバー。車載工具で充分だ。

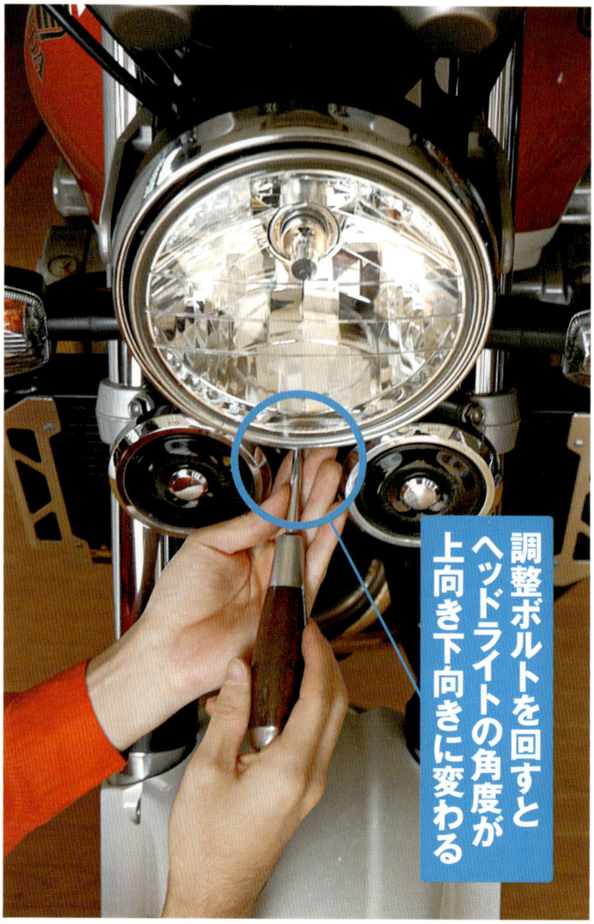
調整ボルトを回すとヘッドライトの角度が上向き下向きに変わる

ヘッドライト下のボルトで調整する

Step up!

ユーザー車検時の光軸合わせについて!

ユーザー車検といえども車検の手順は業者さんと同じだ。光軸も正確に合っていないと車検には合格しない。ここで紹介した壁にマークする方法でもある程度は正しい光軸が出せるが、車検に確実に合格できるかどうかは微妙なのが現実。
そこで車検前にテスター屋と呼ばれる店に行き、事前に車検と同じ行程でチェックすることをすすめる。もちろん光軸調整もしてくれるから安心して車検にのぞめるのである。テスター屋さんは4輪専門の店が多く、事前に調べてから出かけたい。検査料金は店によりまちまちだが2000円程度が相場だろう。

ヘッドライトを右横から見たところ。調整ボルトの位置はすぐわかる

光軸調整ボルトを右に締めるとライトの角度が下向きになり、左に締めると上向きになる

調整の手順

1 壁に印をつけるなど光軸の基準を決めておく

光軸調整はハイビームで行なうのが基本。バイクを壁面に対してまっすぐ向けて、光軸の中心や上限をテープなどでマークしておこう。そのとき、バイクの位置もマークすることを忘れないように!

2 同じ位置にバイクを停めてライトをあてながら光軸を調整していく

新車や車検直後のバイクで1を済ませておこう。光軸の狂いを感じたら、マークした位置にバイクを置き、ハイビームにする。あとは、壁面のマークとのズレを微調整すれば簡単に光軸調整できる。

3 ハイビームとロービームについて

夜間走行時ロービームを常用するライダーが多いが、これは間違いだ。対向車を幻惑させる心配のない道では積極的にハイビームを使おう。ハイビームで得られる視覚情報量は安全運転につながる。

始業点検や出先で切れたら困る ヘッドライトのバルブ交換!

常時点灯によりバルブ切れが増えたが交換は簡単。また、ロービーム切れの緊急処置に、ヘッドライト上側半分をガムテープで覆って、ハイビーム点灯で走行する方法がある。

交換のタイミング…… バルブが切れたとき

初めてでも簡単にできる!

ヘッドライトユニットからバルブをはずす

バルブを取り出すには、ヘッドライトユニットを分解しなければならない。通常は写真のクロームメッキされた部分がはずれるしくみだ。実際の作業は、思いのほか簡単だろう。

用意するもの

❶ プラスドライバー
強い力は不要なので車載工具で充分だが、サイズは適切に。

1 ヘッドライトカバーのネジをプラスドライバーではずす

メッキの部分がはめ込みになっており、ロックネジがある。多くのバイクは、写真の位置か真下についていることが多い。

2 下から持ち上げるようにしてヘッドライトをはずす

水抜きの関係からか、ヘッドライトは下側を持ち上げるようにしながら手前に引くと取りはずせる。

配線コードを引っ張ってはならない! コネクターをつかんで引こう!

3 ヘッドライトの裏側にあるコネクターをはずす

まだ配線がつながったままなので強く引っ張ってはいけない。コネクターをつかんで引き抜くと、ヘッドライトがはずれる。

4 装着するとき間違えないように上下を確認しながらダストカバーを引っ張ってはずす

車体から取りはずしたヘッドライトユニットの裏側だ。写真の黒い部分（ダストカバー）に「TOP」の文字が見えるがこれが大切だ。同じ位置に戻す必要がある。確実に記憶しておこう。

▼

5 固定用スプリングを指で押しながら横にずらしてはずす

ダストカバーをはずすと写真のように固定用バネが出てくる。バネを押しながら横にずらせば簡単にはずれる。バネの構造を注視すれば、ずらす方向はすぐにわかるはずだ。

6 バルブを抜き出して新しいバルブと交換する

バルブ装着にも決まった方向があるが、バルブ側とヘッドライトユニット側双方に切り込みがあるから間違えることはないだろう。バルブはコネクター側を持つことが鉄則だ。

ガラスは絶対にさわらないこと!

ハロゲンバルブは発熱し高温になる。ガラスを触ると付着する指の油脂が焦げて光量の低下を招く。触ったら油脂を拭き取って装着だ。

ハロゲンのバルブ

STEP 6

ストップランプのバルブ交換

ストップランプとテールランプは1つのバルブで2つの役割り！

ストップランプ＆テールランプに使われているバルブは通称「ダブル球」と呼ばれ、発光フィラメントが2つある。バルブ交換は、差し込み方さえ間違えなければ簡単だ。

交換のタイミング…… ストップランプor テールランプが点灯しないとき

走る前に点灯をチェックしよう!

バルブが切れていたらすぐ交換すべし!

バイクは車体が小さいので、すぐうしろを走る車が錯覚を起こして、車間距離を短くとる傾向がある。ストップランプのバルブ切れは事故につながるので迅速な交換を心がけよう。

用意するもの

❶ プラスドライバー
強い力で締める必要はないので車載工具でも充分だ。

1 ストップランプカバーをはずす

通常は2本のネジで留まっている。カバーをはずすとき、防水パッキンを破損しないように注意しよう。

2 バルブを押し込みながら左へ回してはずそう

バルブはソケットにある段違いの2本爪で留まっている。接点はバネで押されているから押しながら回せば取りはずせる。

3 新しいバルブを逆の手順で取り付ける

ソケットの爪は段違いになっている。メス側ソケットの爪位置を確認し、バルブの方向を定めてから押し込み、少し右に回せばバルブは固定される。

ONE POINT ストップランプのバルブはダブル球になっている！

ストップランプ&テールランプに使われているバルブは、ひとつのバルブ内に発光フィラメントが2つ内蔵された電球。これを通称ダブル球と呼ぶがフィラメントが2つだからダブルなのだろう。ストップランプの球切れはとても危険で事故にも直結する。発見したら即交換して欲しい部品だ。

同時にストップランプも点灯している状態

テールランプだけが点灯している状態

STEP 7 ウインカーバルブの交換

始業点検で点灯&点滅をチェックしてもし切れていたらバルブ交換しよう!

ウインカー（方向指示器）は自車の動きを周囲に知らせる大切な装置だ。バルブが切れていては大変である。ライダーは危険にさらされるし、周囲に迷惑をかけてしまうのだ。

交換のタイミング……ウインカーが点灯&点滅しないとき

ドライバー1本でできる!

ウインカーバルブの交換

交換作業自体はとても簡単だが、ネジの相手がプラスチックであることが多い。ネジの締めすぎには注意が必要。防水パッキンの扱いも慎重にしよう。

用意するもの

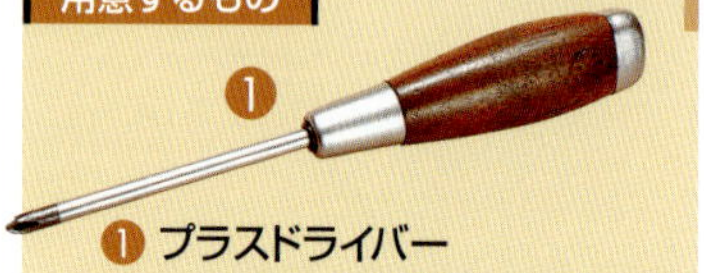

① プラスドライバー
さほど大きな力を必要としないので車載工具で充分だ。

1 ウインカーカバーのネジをはずす

モデルバイクは、写真のように裏側からネジを回すしくみだったが、正面から回す車種も多く存在する。

▼

2 ウインカーカバーをはずす

少し使ったバイクの場合、防水パッキンがカバーに固着していることがある。パッキンの破損に注意。

3 バルブ切れを確認する

カバーをはずしたらバルブ切れを確認しよう。交換後は点灯確認してからカバーを取りつけること。

▼

4 バルブを押しながら左へ回して抜き取る

バルブの接点はバネで押されている。車体内側に押しこみながら左に回すとバルブが取り出せる。

STEP 8

ホーンの点検と清掃

とっさの場合に鳴らないと困るので確認しよう！

やたらに鳴らすと交通騒音の元になってしまうホーンだが、とっさの場合は絶対に鳴らないと困る。いざというとき故障では意味がない。普段の点検で確認しよう。

点検のタイミング…… 鳴らないとき or 汚れが激しいとき

ホーンの中に入り込んだ泥汚れを掃除しよう！

掃除&ヒューズ点検しても鳴らないときは交換する

ホーンは鳴らないと車検には合格しない保安部品。故障原因の多くは錆びと汚れ。調整ネジもあるが素人がいじると悪化することがほとんど。鳴らない場合は早めに交換しよう。

汚れが激しいときはしっかり掃除しよう

鳴りが悪い場合は、汚れや錆びが原因だ。小さな音や濁った音の場合は錆び落としなど清掃が有効だ。鳴らないときは、ヒューズを点検。次にスイッチを疑うのが点検順序。

ホーンのスイッチを押して鳴るかどうか確認する

普段から、洗車時にホーンも清掃していればほとんど故障することはない。ホーンスイッチを押して鳴れば問題なし！　点検終了だ。

Column for BEGINNER

バッテリー充電の知っておきたい豆知識

毎日バイクに乗らない人は、小型充電器を購入しておくとバッテリーあがりの恐怖から開放される

理想はゆっくりジックリ

バッテリーあがりは比較的多発するバイクトラブルだ。毎日使わないバイクなら、誰でも1度は経験するトラブルといえるくらいだ。

バッテリーがあがったら充電するが、近年バイク用バッテリーの主流になっているMFバッテリーの充電にはMF専用品が必要だ。充電器は、できるだけ少電力で長時間充電するタイプが好ましい。専門店にある急速充電器などは、お客さんの待ち時間を短縮するための充電器。バッテリーの寿命は、著しく縮まると覚悟する必要があるだろう。

また、少電力充電器を使っても完全にあがってしまったMFバッテリーは寿命を半減させてしまうことも覚えておこう。セルモーターが弱いと感じたら、スグに充電することがバッテリーを長持ちさせるコツでもあるのだ。

補水の必要がある開放型（オープン）バッテリーも、少電力で長時間充電することが理想的だ。充電したら必ずバッテリー液の量を確認して、足りない場合は規定量まで補水する必要がある。

PART 5

車体系のメンテナンス

「今のバイクは壊れなくなった」といわれるが、
かえって、車体系のメンテナンスは怠りがちになる。
各部の消耗度を、把握しておくことが大切だ。

STEP 1

ステアリングの点検

ハンドルのガタつきやネジのゆるみをチェック!

走行中にハンドルがとられたり、段差を越えるときにステアリングヘッドがギクシャク動くようなら、ステアリングにガタがある。点検は前輪を持ち上げて行なうのが基本。

点検のタイミング…… 5,000km走行ごと or 6ヶ月ごと

ハンドルのガタつきを点検する!

前輪を持ち上げて前後・左右に振ってみよう!

ステアリングステムは、ハンドルからフロントフォーク、タイヤと連動し、前後左右から負荷がかかる大変な仕事をこなしている。いつの間にかベアリングの破損や摩滅で、ガタが発生することもある。点検は、前輪を持ち上げてタイヤが自由に動く状態にする（4輪車に車載するパンタジャッキを利用すると簡単だ）。次に、ハンドルをまっすぐにしてバイクの正面にまわり、フロントフォークのアウターチューブ（下側）を持って、前後にゆする。そのときに、ガタや異変を感じたら異常がある。整備が必要だ。

トップブリッジ

赤い線で囲まれている部分がトップブリッジだ。左右のフォークを連結して安定させるための部品。

ステアリングステム

三つ股とも呼ぶ。2つのベアリングが破損したりグリスが枯れると問題を起こす。下側はロウアーブリッジ。

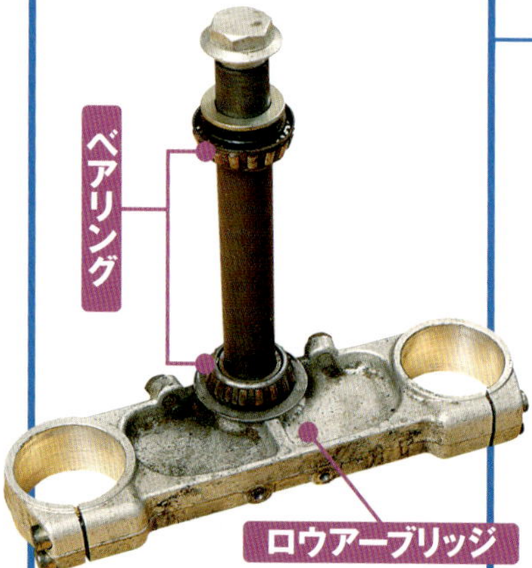

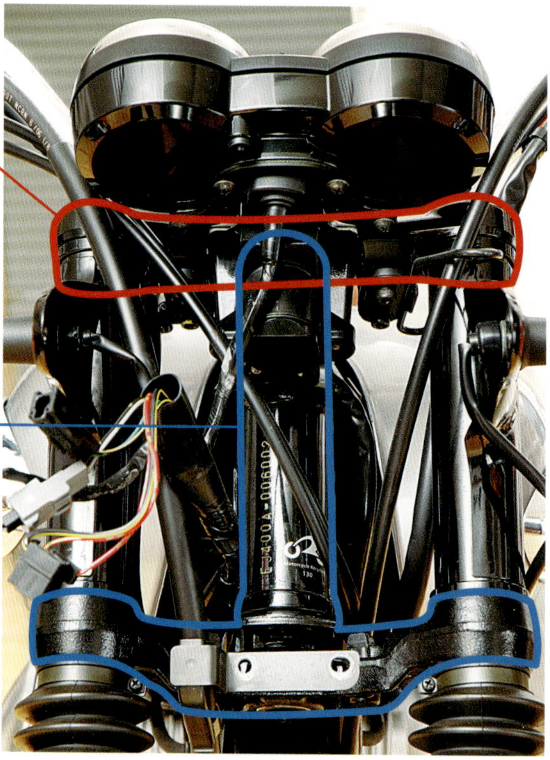

ヘッドライトをはずしてステアリングステムを見やすくしているところ

トップスレッドナットを回す!

ステアリングの調整

ステアリング機構にガタがあればトップスレッドナットを増し締めして、問題が解消すればベアリングは大丈夫だ。ガタや引っかかりがある場合は専門店に相談しよう。また、ハンドルをゆっくり左右に切ったとき、ゴリゴリしたり引っかかる感触がある場合は、ベアリングの破損が考えられる。突然ハンドルが効かなくなることもあるので早急に専門店に相談しよう。

用意するもの

❶ ステアリングステムナットをゆるめるためのレンチ
車載工具を活用しよう。新たに用意する場合はメガネレンチだ。

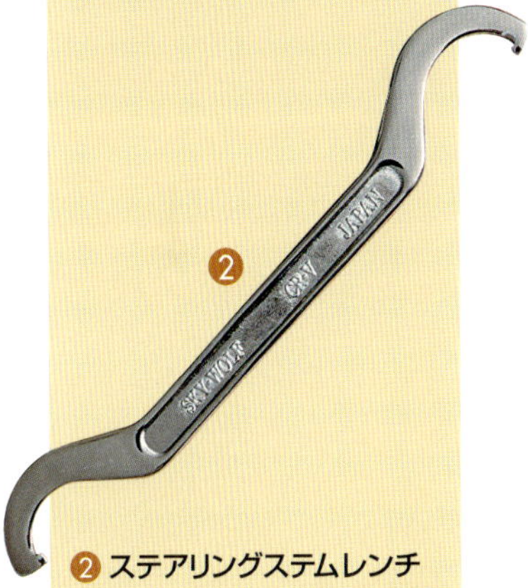

❷ ステアリングステムレンチ
これはトップスレッドナットを回す専用工具。トップスレッドナットはドライバーとハンマーでも回るが傷がつくので、できれば用意したい工具だ。

トップスレッドナットの調整

ステアリングステムナットをゆるめてから、ロックナットをステムレンチを使ってゆるめる。最後にトップスレッドナットを締めるが締めすぎるとハンドルが重くなるので注意しよう。

STEP 2

フロントサスペンションの点検

スプリングとオイル（エア）の状態を点検しよう！

点検項目は、オイル漏れとスプリングの状態の2点（エアも採用している車種はエア点検を含め3点）だ。フォークオイルの交換は、専門店に依頼した方が効率がいいだろう。

点検のタイミング…… 6,000km走行ごと or 6ヶ月ごと

オイル交換の目安…. 30,000km走行ごと or 60ヶ月ごと

ブレーキレバーを握ってサスを縮めてみよう！

フロントフォークの作動をチェックする！

新車のフロントサスの動きを記憶しておくことが肝心だ。バイクを立てたらフロントブレーキを握り、フロントフォークを思いきり沈める。沈み具合や伸び上がり方をチェックする。

体重をのせて思い切りフロントサスを縮めてみる。何度かやって動きがスムーズならOK！

フロントブレーキを握って

1 やわらかすぎるとき

スムーズに伸縮すれば問題ない。やわらかすぎる場合は、フォークオイルの劣化や減少、またはスプリングの疲労が考えられる。早めに専門店に相談しよう。

2 引っかかる動き

引っかかるような動きを感じたらインナーチューブの微妙な曲がりや傷の疑いがある。やわらかさや引っかかり、いずれも正常な作動時の感触を覚えておくことが肝心だ。

錆びや傷をチェック!

フロントフォークのインナーチューブの点検

車体前面に位置するため傷つきやすい(オフロード走行を想定した車種は、保護カバーを装備して対処している)。インナーチューブに傷も錆びもないのに動きが悪い場合は、曲がりを疑ってみよう。また錆びが浮いている場合も動きが悪くなる。錆びはサンドペーパー(2000番)で水平方向に磨いて取り除く。

▶インナーチューブの錆び落としはP042へ

オイルの付着は危険信号!

フロントフォークのオイルシールの点検

フォークオイルは密閉されているから減少しないが、オイルシールが破損すると減ってしまいサスペンションはスカスカになってしまう。作動確認でインナーチューブにフォークオイルがべっとりとつくようならオイルシールがダメになっている。専門店にオイルシールの交換を依頼しよう。

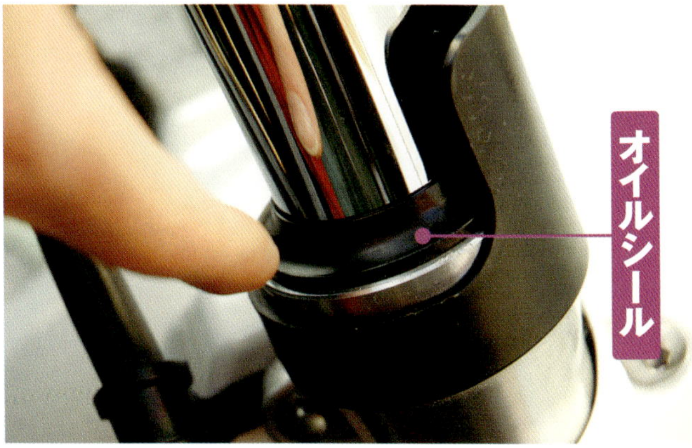

正確には中に入っている(パッキンの役割りの)ものがオイルシールだ!

アッパーブラケットのゆるみを点検

フォークの上側の取り付け部のことだ。ちゃんと締まっているか確認しておこう。異常がなければ締まりの確認だけで充分だ。

ロウアーブラケットのゆるみを点検

フロントフォークはこの部分を中心に固定している。常に大きな力がかかる場所だけに丁寧に確認しよう。

ネジのゆるみをチェック!

取り付け部の点検

ゆるみがあれば増し締めしよう。左右フォークの高さの違いも確認する。狂いがあればアッパー、ロウアーブラケットのネジをゆるめて調整して締めておこう。

用意するもの

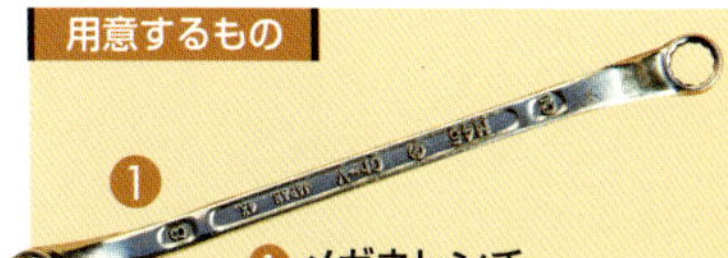

① メガネレンチ
ここはとても強い力が必要なネジだ。必ずメガネレンチを使用。

STEP 3
リアサスペンションの点検

コンベンショナル式とリンク式の2タイプがある

リアサスには、サスが左右に2本あるコンベンショナル式と、車体中央付近に1本あるリンク式とがある。初級メンテナンスでは、基本作動の確認と各部注油を考えよう。

点検のタイミング…… 5,000km走行ごと or 12ヶ月ごと

思い切りシートに体重をかける！

サスペンションの基本動作の確認

リアサスを縮めて伸ばしてを繰り返して作動確認をする。スムーズに作動すればいいが、きしみ音など異音がしたらグリスアップ・注油が必要になる。動きがぎこちなかったり、やわらかすぎや固すぎはサスペンションユニットの調整が必要だ。専門店に相談しよう。

きしみ音がしないか**音を聞いて耳でも**チェックしよう

スムーズにサスペンションが縮み、**フワッと伸びてくれれば**問題なし

コンベンショナル式の場合

サスペンションのオイル漏れを点検

ダンパー内部には高圧ガスとオイルが充填されている。オイル漏れを起こすと一瞬ですべて吹き出す。ピストンロッド付近がオイルまみれになるからすぐ判断できる。一部の高級品はオーバーホールも可能だが、基本的にオイル漏れは交換が必要だ。

リアサスペンションの基本構造

スプリングとダンパー（バネの反動を抑える装置）が基本構造だ。オイルリザーバータンクは、ダンパー内部に充填されたオイルと高圧ガスを貯めて油温を下げる装置。これら3点とスイングアームなどで構成された全体がリアサスペンションユニットだ。

スプリングとダンパー（縮み側と伸び側）の調整

バイクの高性能化にともないサスペンションも進化している。ここではサスペンションの調整機能について簡単に解説しておこう。スプリング上部にあるイニシャル調整部を締めると縮み側が強化され段差を越えたとき固く感じる。ダンパー調整ダイヤルはダイヤル番号を大きくするほどサスペンションの伸び側が強化され、バネの抑えが強くなると覚えよう。正確な調整には多くの経験が必要だ。

コンベンショナル式サスペンションの一例

リンク式サスペンションの一例

5つのポイントを点検してブレーキ性能をキープ!

- ブレーキレバーとペダルの遊び調整
- ブレーキフルード量の確認
- ブレーキホースの点検
- ブレーキパットの摩耗点検
- ブレーキディスクの点検と清掃

点検のタイミング…… 5,000km走行ごと or 6ヶ月ごと

ディスクの回転を2枚のパッドがはさんで止めるしくみ

ディスクブレーキ各部の名称と役割

点検はブレーキフルードとパッド残量が中心だが、5年に1度はブレーキキャリパーのオーバーホールも必要だ。キャリパーオーバーホールは複雑なので専門店に依頼しよう。

ブレーキホース

レバーやペダル付近にあるマスターシリンダーとキャリパーをブレーキフルードでつなぐためのホース。劣化したら必ず交換が必要だ。

キャリパー

ブレーキキャリパーが正式名称だ。内部にブレーキパッドが2枚ありブレーキフルード(オイル)の圧力でディスクをはさんで制動力を発生させる装置で、ブレーキの要だ。

ディスク(ローター)

この円盤をブレーキパッドがはさみ込んで制動力を発揮。外気に触れているので冷却効果が高い。高速からのブレーキにも効果的だ。

▶キャリパーの基本構造についてはP115へ

レバーを握ったとき指2本分の余裕をもたせる

ディスクブレーキの点検❶

ブレーキレバー&ペダルの遊び調整

ブレーキレバーやペダルには調整用アジャスターがある。ロックをゆるめて調整しよう。遊びはレバー、ペダルエンドで10～15㎜以下。思い切り握ったり、踏んだときに、ストッパーに当たらないよう調整する。

▶遊びの調整方法はP022、P024へ

ディスクブレーキの点検❷

ブレーキフルード（オイル）量の確認

ブレーキフルード（オイル）の減りはパッドの消耗分だ。つまり、パッドがすり減って前に押し出された分だけブレーキフルードが減ったように見えるのだ。

※ブレーキフルードが減ったらパッドを確認する！

▶ブレーキフルード（オイル）の確認はP015へ

ロウアーライン

ブレーキホース
キャリパー

ディスクブレーキの点検❸

ブレーキホースの点検

最新のブレーキホースはとても丈夫にできている。交換は5年に1度程度で充分だが、定期点検を欠かしたがゆえ思わぬ故障で泣きを見る事態は避けたい。亀裂の点検はきちんと実行しよう。

少し曲げてヒビ割れを点検

ホースの一部を折って亀裂がなければ問題なし！ 亀裂を発見したら即交換が得策だ。

ディスクブレーキの点検❹

ディスク(ローター)の点検&清掃

ディスクに深い傷がつくとブレーキ性能に影響を与えることもあるから定期的に点検清掃しよう。深い傷や波打ち状の減り、また歪みがあれば交換するのが賢明だ。

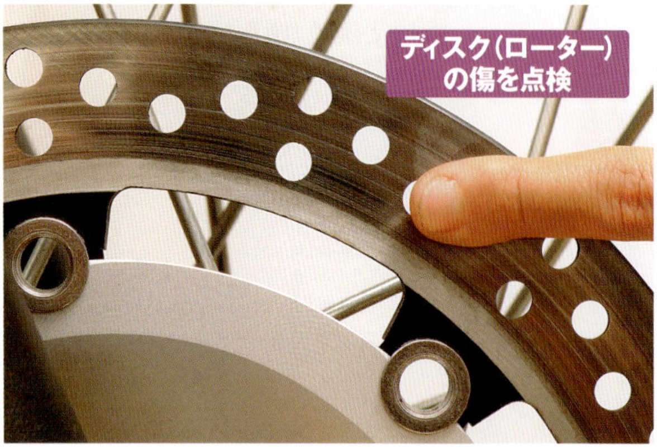

ディスク(ローター)
の傷を点検

ディスク(ローター)の
厚さと歪みを点検しよう

ディスク(ローター)の浅い傷を研磨する

1 サンドペーパー(800番くらい)でディスクを磨く

ディスク表面は平滑であるべきだが現実にはかなり傷がある。浅い傷ならサンドペーパーでも修復できるからやってみよう。ディスクの回転方向に対して直角に磨こう。

ディスクの
回転方向
サンドペーパーを
かける方向

2 ウエス(布)で汚れを拭く

磨きが済んだらウエスで丁寧に拭き取ろう。パーツクリーナーを使う場合はキャリパー内には吹かないように注意しよう。

▼

Step up!

キャリパーの汚れやゴミを掃除する方法

専用のブレーキクリーナーやパーツクリーナーでキャリパー内側を清掃すると、グリスまで洗い流してしまいオイル漏れを起こすことがあるから注意しよう。洗車時に高圧洗浄機でキャリパーとディスクの間を丁寧に洗う方法が安全だ。洗車直後は、ブレーキの効きが悪くなるので走行は要注意!

ディスク(ローター)を
水平に覗き込むと
パッドが見える

パッド点検窓がついている車種もある

ディスクブレーキの点検⑤

パッドの磨耗点検

パッドはブレーキキャリパーの内側にある。バイクの前後方向からキャリパーとディスクのすき間を覗くと確認できるだろう。パッドの台座は鉄製なので、万一ここまで減ってしまうとディスクにダメージを与えて交換が必要になる。大きな出費も必要だ。残量が2㎜以下なら交換が得策だ。

キャリパーの基本構造

キャリパーには2枚(1対)のパッドがセットされている。ブレーキレバーやペダルを操作すると圧力がかかり、キャリパー内のピストンが押し出される。パッドも押し出され、ディスクをはさむ力が生まれてタイヤの回転を止めるのだ。

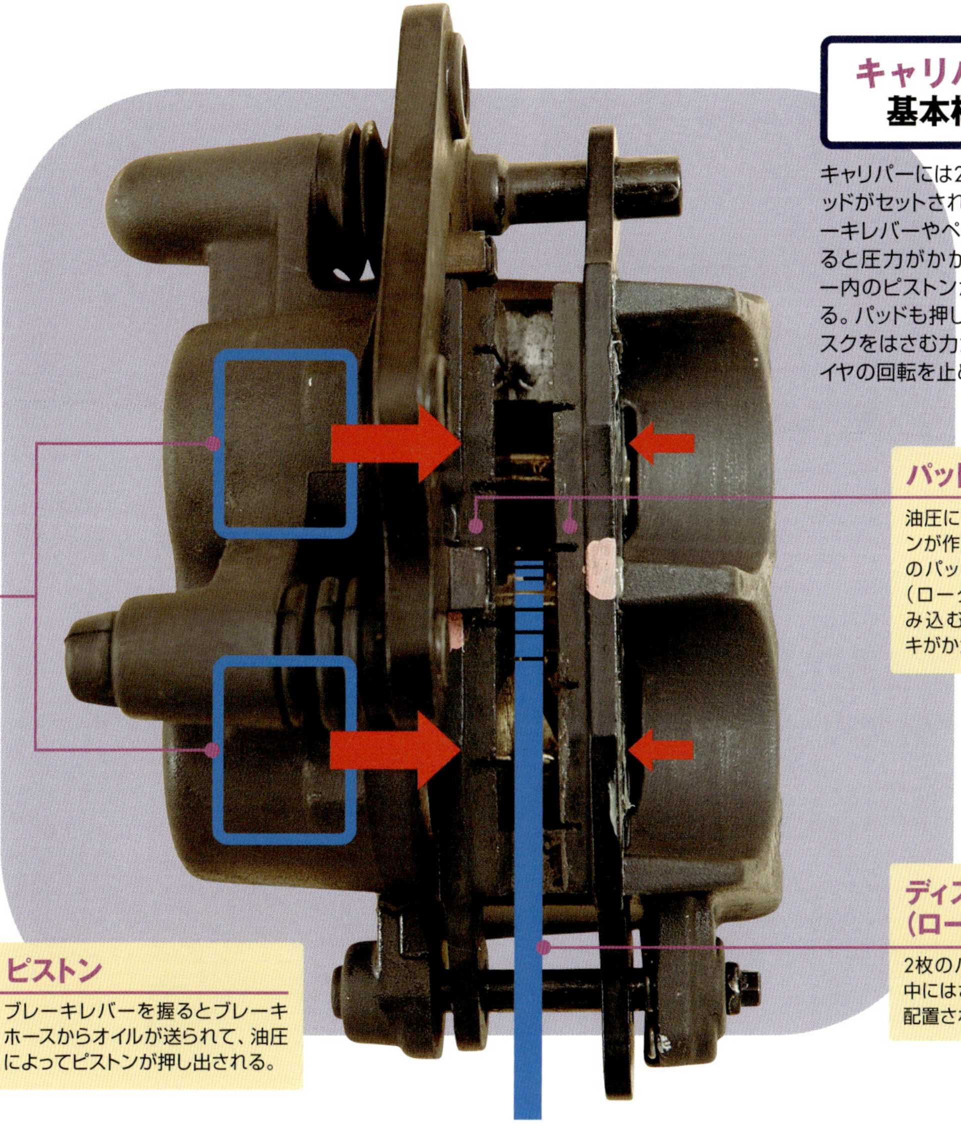

パッド

油圧によってピストンが作動すると、このパッドがディスク(ローター)をはさみ込むからブレーキがかかる。

ディスク(ローター)

2枚のパッドの真ん中にはさまるように配置されている。

ピストン

ブレーキレバーを握るとブレーキホースからオイルが送られて、油圧によってピストンが押し出される。

キャリパーを取りはずして パッド交換してみよう!

ブレーキパッドは消耗品だ。命に関わる部品なのでケチらずに早期交換を心がけよう! なお、作業中はブレーキレバーやペダルにさわらないことが肝心だ。

交換のタイミング…… 10,000km走行ごと

思ったほど難しくない!?

パッド交換と掃除のやり方

重要保安部品なのでしっかりした工具を用意して確実な作業をしよう。またキャリパーをはずさなくてもパット交換ができるバイクもあるので確認してから作業開始だ。

用意するもの

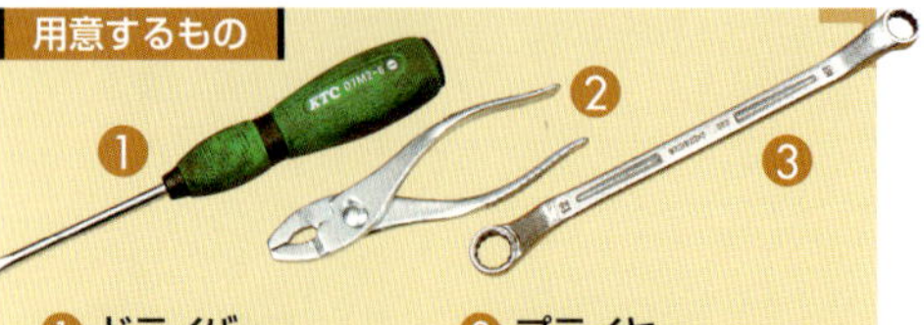

1 ドライバー
しっかりしたマイナスドライバーを使おう。

2 プライヤー
先端が細いタイプが使いやすいだろう。

3 メガネレンチ
強い力が必要なので必ずメガネレンチを使おう。

1 キャリパーのボルトをはずす

キャリパーをフロントフォーク・アウターチューブに固定しているボルトをはずそう。固着してゆるまない場合は無理をせず、CRC5-56などの潤滑剤を吹き、10分ほど待ってからゆるめよう。ハンマーなどで振動を与えてからゆるめるのも効果的だ。

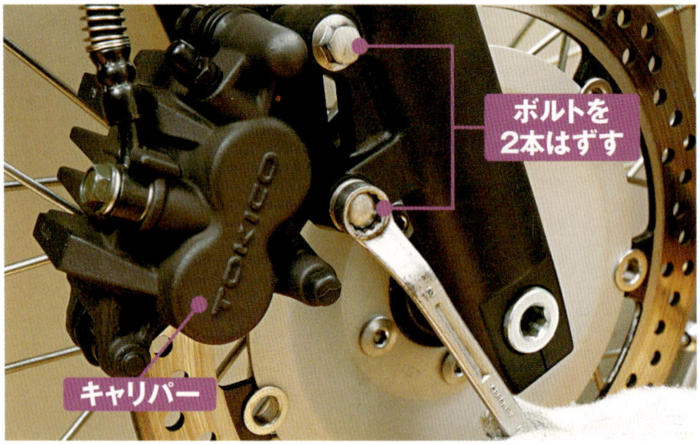

▼

ONE POINT キャリパーをはずさないでパッド交換できる車種もある!

キャリパーの取りはずし方は車種によって違う。あるオフ車はキャリパーのサポートボルトをはずすだけでパッド交換ができる構造がとられている。まずは愛車のキャリパー構造を確認してから作業をはじめよう。また車種によっては6角レンチが必要になることもあるので事前にチェックして工具を準備しておこう。

2 キャリパーをはずす

指先で指し示している部分にディスクがはさまれている。新品パッドを入れるには、すき間を広げる必要がある。この段階で、ドライバーを使ってすき間を広げておこう。

**作業中にブレーキレバーやペダルに触れると、ピストンが押し出されてしまうので触れないように!
また、この段階でドライバーを差し込みピストンを開いておくとよい**

▼

3 サポートボルトの割りピンを抜く

パッドを取りはずす準備だ。まず、パッドを支えているサポートボルトにある割りピンを引き抜いておく(写真のパッドは新品に近い状態なので誤解のないように)。

割りピンはプライヤーで引き抜くか、ドライバーを差し込んで抜いてしまおう。

▼

サポートボルトを抜き取る

4 サポートボルトを抜く

割りピンを抜いたサポートボルトを引き抜く。手で抜けることもあるが固いときはプライヤーで引き抜こう。これでパッドをはずす準備ができたことになる。

次ページへ続く

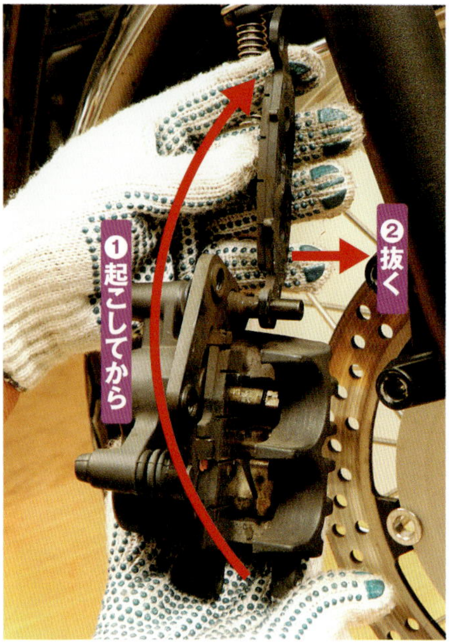
❶起こしてから
❷抜く

5 パッドをはずす

モデルバイクはこのように取りはずしたが、すべての車種が同じわけではない。慣れるまでは簡単な絵を描いて、その上に部品を置けば間違えなくて済む。

2枚目の
パッドを抜く

6 もう1枚パッドをはずす

今度はもう1枚のパッドを取りはずす。モデルバイクは指でつまみ出すだけで済んだ。車種が違っても基本的な構造は同じなので参考にしてほしい。

ウエスで掃除しよう。
ブレーキクリーナー
を吹いてもよい

7 ウエス（布）でキャリパー内側を磨く

ここまで分解したら、折角なのでキャリパーの内側を清掃しておこう。ウエスで拭き取るのが基本だ。ブレーキクリーナーやパーツクリーナーを使う場合はピストン周辺には絶対に吹かないようにしよう！　オイル漏れの原因になる。

キャリパーホルダー
ピストン

ここまで分解すれば
掃除もやりやすくなる

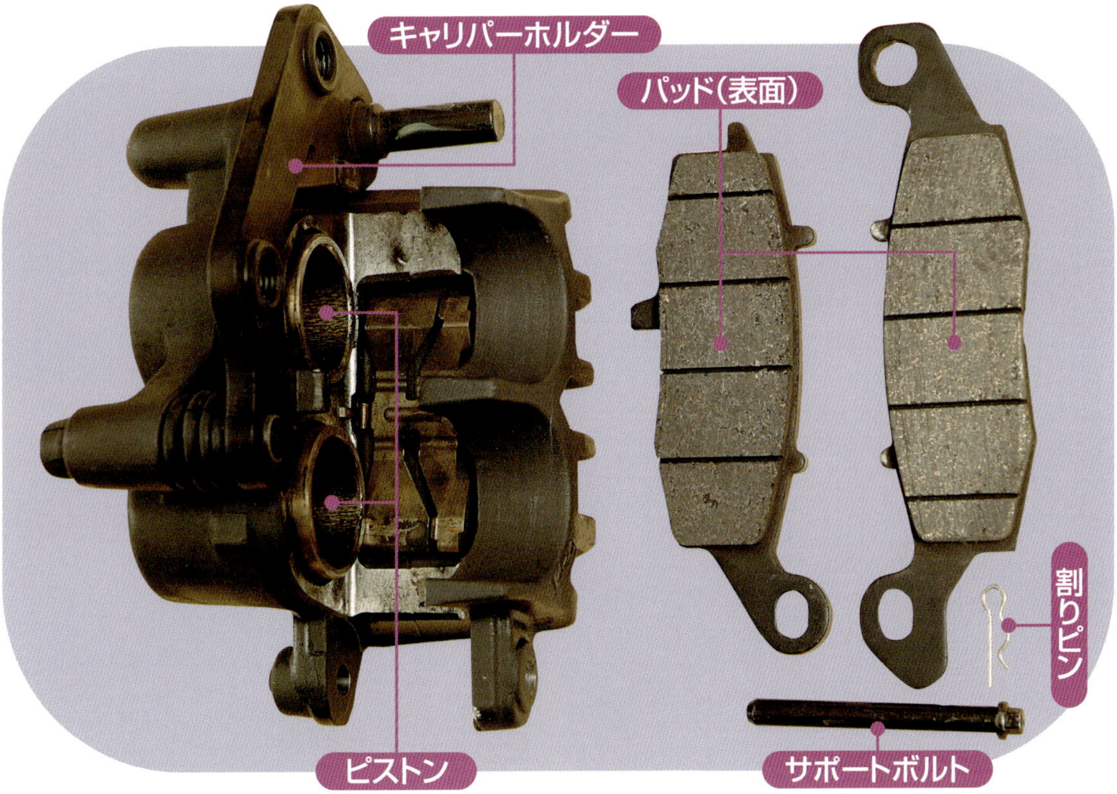

新品のパッドを組む前にやっておこう!

パッドにサンドペーパー(100番)をかける

新品に交換するとなじむまでブレーキの効きが悪い。また、ブレーキの鳴きに悩まされることもある。この処置をしておけば交換後のなじみが早くなり、鳴きも起こらないだろう。

パッドの裏面にグリスを塗っておく

ブレーキ専用グリスか、ウレアグリスを使おう。あくまで薄く塗布すれば充分で、厚塗りは汚れその他のトラブルの原因になるので厳禁だ。

逆の手順で組み付けよう!

パッドの組み付け

実際はブレーキホースをつけたまま作業するが、ここではわかりやすくするためホースをはずした。なお、パッドや塗装にブレーキフルードを付着させないよう作業しよう。

ピストンが引っ込んでいないとパッドが入らなくなる

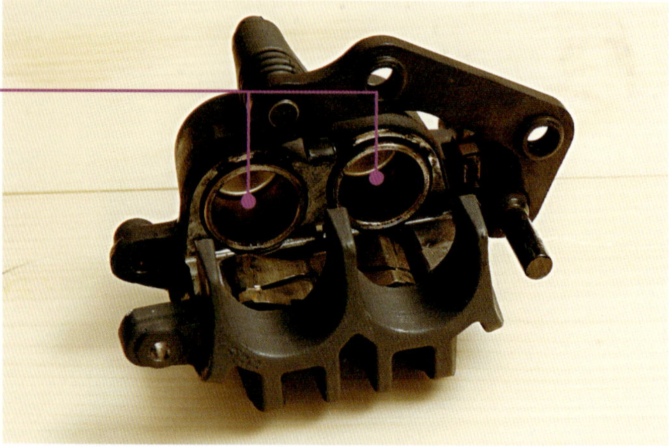

1 キャリパー内のピストンを押し込んでおく

ブレーキフルード(オイル)をつぎ足したことがあると、ブレーキフルードのリザーバータンクからあふれることがあるから注意しよう。対処法は、まずブリードスクリューにビニールホースを付けてからゆるめる(方法はP123参照)。次に、古いパッドを付けて(ピストンを押し込みやすくなる)ドライバーでパッドごと押し込む。

▼

パッドのエッジをサンドペーパーで削って面取りしておこう。表面も磨いてなじむようにしておく

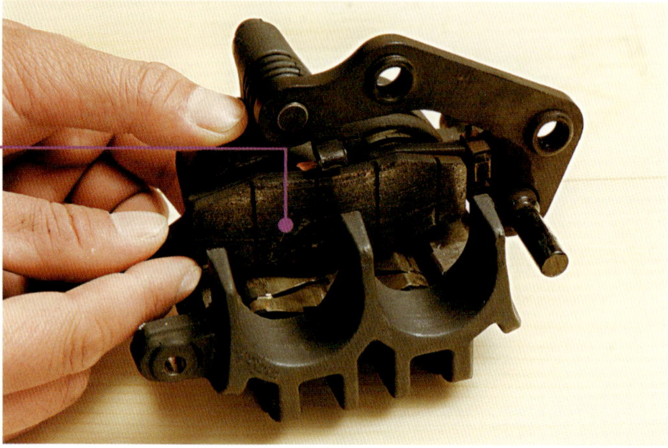

2 1つめのパッドを取り付ける

前ページで紹介した方法で新品パッドのエッジと表面を軽くサンドペーパーで面取りしておこう。取り付ける手順は取りはずしの逆なので簡単だ。

▼

パッドの裏面にグリスを塗っておくとブレーキの鳴きを予防できる

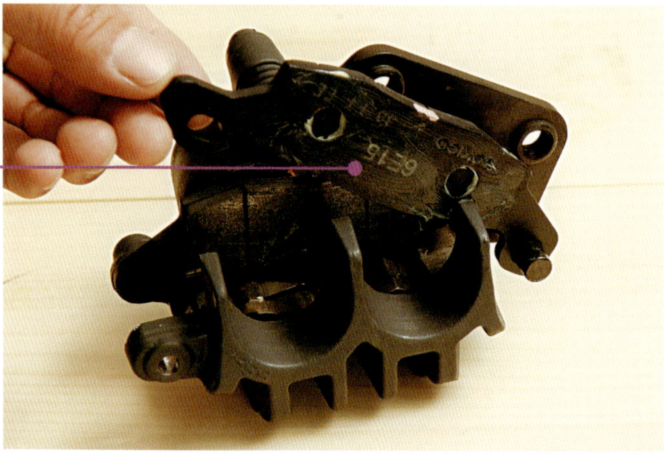

3 2つめのパッドを取り付ける

グリスは1枚目のパットにも忘れずに塗布しておこう。ピストンを押し込み、2枚ともパッドを削って、グリスを塗ってから組み込み作業を開始しよう。

Step up!

キャリパーには2種類ある!

モデルバイクは片側から押し出すピストンが2個あるから2ポットキャリパーと呼ぶ。他にはピストンが両側にあるキャリパーがあり、強力なブレーキ性能を誇っている。これを対向ピストンキャリパーという。

4 パッドの取り付け完了!

取りあえずパッドを組んだ状態だが、まだ完了してはいない。くれぐれもブレーキフルードを車体やパッドに付着させないよう注意しながら作業を進めよう。

Step up!

対向ピストン型には2ポットと4ポットがある!

ポットとはピストンのことだ。数が増えるほど均一な力がディスクに加わりブレーキ性能が向上するしくみだ。最新の高性能ブレーキには6ポットも珍しくなくなった。ただし、数が増えるとメンテは大変だ。

5 サポートボルトを差し込む

取りはずしたときと同じ方法、逆の手順でサポートボルトを差し込もう。このときボルトにも薄くグリスを塗布しておくとパッドの動きがよくなる。

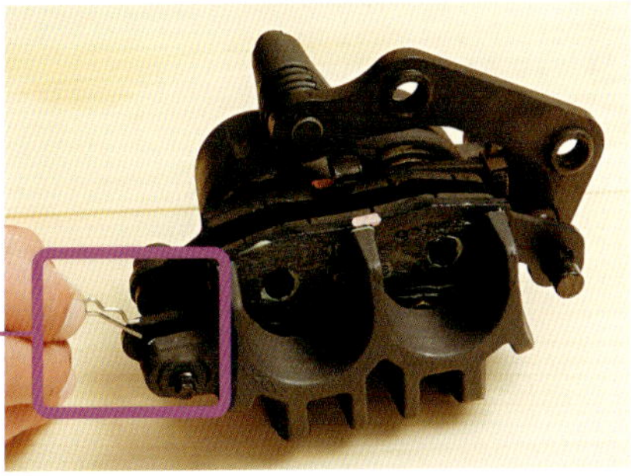

6 キャリパーの組み立て完了!

割りピンを差し込めばパッド組み付け作業は完了だ。ただしパッド交換と同時に、ブレーキフルード交換を行なったらエア抜き(P125参照)しよう。また、右ページ手順1の方法でピストンを押し込んだ場合は、必ずエア抜きすること。

ブレーキフルード(オイル)の交換 &エア抜きの方法

2年に1度、またはパッド交換をしたら、ブレーキフルード(オイル)の交換をしよう。エア抜きはブレーキのタッチ(手応え)にグニャグニャした感じがしたら随時実行だ。

点検のタイミング…… 10,000km走行ごと or 24ヶ月ごと

フルード(オイル)の抜き方にコツがある!

フルード交換の準備と手順について

つぎ足しながらブレーキフルードを交換することをすすめる。この方法なら比較的簡単に交換できるはずだ。一度完全に抜いてしまってから新しいブレーキフルードを入れると、エア噛みしやすく面倒なことになる。ブレーキフルードは走らなくても酸化して劣化する。茶色や黒に変色したフルードは、沸点が下がっていてとても危険だ。定期交換をしよう。

用意するもの

❶ ブレーキフルード
DOT番号は一般的に数字が大きくなるほど沸点が高く高性能。しかし劣化が早いから5.1は公道よりレース向き。通常はDOT4が最適だろう。なおフルードの混用は厳禁。

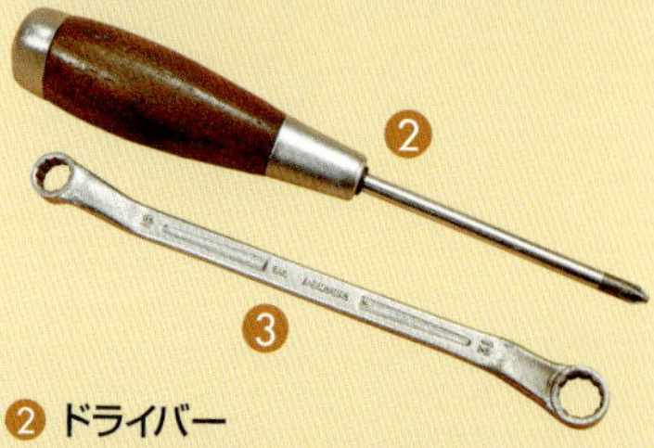

❷ ドライバー
しっかりしたドライバーが必要だ。

❸ メガネレンチ
ブリードスクリュー専用工具もあるが代用。

DIYするもの

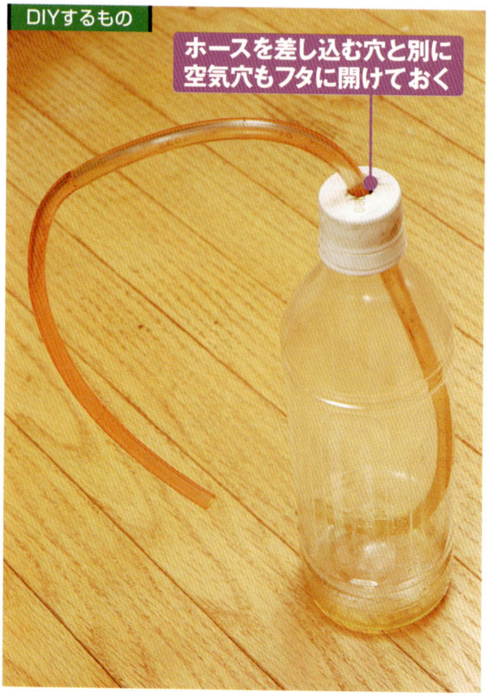

フルードキャッチャー(オイル受け)を自作してみよう!

ブレーキフルード受けはワンウエイ(逆流防止)バルブが付いた便利な市販品もあるが、バイクの用途なら自作しても問題ない。素材はペットボトルと耐油性ホースだけ。

フルードを満タンに入れておこう

1 リザーブタンクを開けて フルード（オイル）を満たしておく

リザーブタンクのフタにあるネジをはずし、ダイヤフラムというゴムのカバーとフタを取り去りブレーキフルードを一杯にする。ゴミが入らないように要注意。周辺にフルードをこぼすとやっかいなことになる。ウエス（布）などをリザーブタンク回りに巻いておこう。

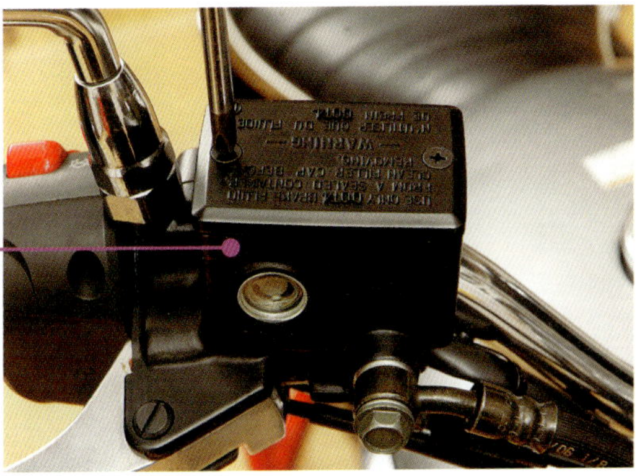

リザーブタンクのネジをはずしてフタを取る。フルードを入れるときはこぼさないようにしよう！

ブリードスクリューのキャップをはずそう

ブリードスクリューにあるゴムの防塵キャップを取る。

ブリードスクリューにメガネレンチをはめる

あとでホースをつけるので先にメガネレンチを装着。

ブリードスクリューにホースを差し込む
ブリードスクリューにメガネレンチを装着しておく
自作のフルードキャッチャー（オイル受け）

自作オイル受けの秘訣は、空気が逃げる穴を開けておくこと！

2 ブリードスクリューに フルードキャッチャーを 装着する

ブリードスクリューにメガネレンチをはめたら、フルードキャッチャー（オイル受け）のホースを差し込む。オイル受けは自作できる。DIYショップで耐油性のホースを買い、ペットボトルに取り付けるだけだ。

←次ページへ続く

ブリードスクリューを
ゆるめる
約30度

3 ブリードスクリューをゆるめる

メガネレンチを時計まわりと反対に約30度回し、ブリードスクリューをゆるめる。大きくゆるめなくてもよく、ブレーキフルードが出てくればそれで充分だ。必要以上にゆるめないようにしよう。

レバーを握っては放す
動作を繰り返す
フルードが減ったら補充

4 レバーを握って放す動作を繰り返して古いフルードを排出する

ブレーキレバーを握る(ペダルを踏む)。何度も握っては放す動作を繰り返そう。リザーブタンク内のブレーキフルードが減ってきたら、必ず補充する。常時フルードの量を半分以上に保つように補給しながら作業しよう。

フルードの色が
透明になってきたら
交換が完了した証拠

5 排出されるフルードの色を見て交換完了を判断

リザーブタンクに新しいフルードを入れて、ブリードスクリューから古いフルードを抜く。排出フルードが透明になったらブリードスクリューを締めて交換完了だ。

Attention!

フルード排出中にリザーブタンク内に埃を入れない!

ブレーキフルードはとてもデリケートだ。ブレーキオイルとも呼ばれるが、実体は、ほとんどアルコール類で成り立っているのだ。
また、リザーブタンクはブレーキマスターシリンダーというブレーキの重要な役割りも持っており、細かなゴミや埃でも、入るとトラブルの元になるから厳重に注意しよう。ブレーキフルードは水分にも極端に弱い性質なので、青空ガレージで作業する場合には天候にも注意を払う必要がある。ブレーキフルードは空気中の水分を含み、劣化するほどデリケートな性質だと覚えておこう。

**レバーをしっかり握った状態で、
ブリードスクリューを1/5回転ほど
ゆるめ、またすぐ締める。
レバーを数回握った後これを繰り返す。**

1/5回転ゆるめ
またすぐ締める

**リザーブタンク内の穴から
小さな気泡が出なくなるまで、
何度もレバーを握って放す
動作を繰り返す。**

小さな気泡が出てくる
フルードが減ったらつぎ足す
気泡が出なくなるまで何度も握る

Kawasaki

6 エア抜きのやり方

❶リザーブタンクのフタとゴム（ダイヤフラム）を取りはずし、ブレーキフルードを一杯に満たす。ブリードスクリューにメガネレンチとオイル受けのホースをつなぐ。
❷リザーブタンク底部の穴から小さな気泡が出なくなるまでレバーを何度も握る。
❸レバーをしっかり握ったままブリードスクリューを1/5回転ほどゆるめて、またすぐに締める。
❹レバーを放したら、❶～❸の動作をリザーブタンク内から気泡が出なくなるまで繰り返す。リザーブタンクのフルードが減るので、つぎ足しながら作業を行なおう!

**ブリードスクリューを
ゆるめてすぐまた
締めるときは、
テンポよくやろう。
「キュッキュッ」という
感じで歯切れよく!**

**ホースから出るエアの
音や気泡にも注意しよう!**

このようにすれば
1人でエア抜きできる

STEP 7

ドラムブレーキを調整する

ドラムブレーキは調整範囲が広い&メンテナンスも簡単にできる!

ディスクブレーキの台頭で、すっかり数を減らしてしまったドラムブレーキだが実力は侮れない。メンテナンスも簡単で調整範囲も広いから、セルフメンテには最適だ。

点検のタイミング……　3,000km走行ごと or 3ヶ月ごと

ブレーキペダルの遊びを確認しながら行なおう!

アジャストスクリューの調整方法

点検タイミングにこだわらず、ブレーキの遊びが大きくなったら随時調整しよう。足首の軽い動きで作動しない範囲になったら行なおう。ブレーキロッドについているアジャストスクリューを締めるだけで調整できる。遊びを確認しながら締めていき、最後にタイヤを空転させてブレーキが干渉していないかを確認して終了だ。余談だが、ドラムブレーキはブレーキペダルに足を乗せたまま走行するクセがつきやいすいから注意しよう。

ドラムブレーキ

調整後に後輪を空転させて
ブレーキが**干渉していないか**
チェックしよう

ブレーキペダルの
遊びを**確認**しながら
アジャストスクリューを調整しよう

センタースタンドや
汎用スタンドで
後輪を浮かせる

アジャストスクリューを**手で回して**
調整するだけ(車種によってはスパナが必要)

ライニングの
摩耗具合を表示する

ブレーキインジケーター ▶P139へ

左側写真の赤丸内に写っているステーを抜いた状態が上の写真だ。使い方は、ブレーキペダルを踏みながら目視する。短針がパネルに刻印されている調整範囲を超えたらライニング交換の時期だ。

ONE POINT

調整後に後輪を空転させて
ブレーキが干渉してないか確認

ライニング(シュー)は真円状に摩耗せずに、むしろ楕円状に摩耗する方が多い。タイヤを少し回しただけで「ブレーキの干渉がない」と判断しても、回転させると引きずっていることがある。必ずタイヤを空転させてチェックしよう。

STEP 8

ドラムブレーキのライニング交換

難易度が高くみえるが作業自体は至ってシンプル

ライニング交換はディスクブレーキのパッド交換に比べ、ホイールをはずさなくてはならないので少し手間がかかる。だが、サンデーメカニックでも充分に楽しめるはずだ。

交換のタイミング……15,000km走行ごと or 摩耗したとき

ライニングを取りはずすまでの工程

ドラムブレーキを取りはずして構造を見てみる

構造を知れば作業も楽しくなる。後輪を取りはずすには、まずブレーキまわりの部品を、次いでチェーンをはずす。慣れないと面倒に感じるが、やってみれば簡単な作業だ。

▶後輪の取りはずし方はP138へ

1 ブレーキドラムからブレーキパネルをはずす

ブレーキパネル側を上にして（スプロケット側が下）ホイールを寝かせよう。ブレーキパネルを持ち上げるとライニングが現れる。まっすぐ上に引き抜けば、意外と軽くスッと抜けてくるはずだ。

2 ライニング（シュー）はブレーキパネルに組み込まれている

これがドラムブレーキ・ユニットを分解した状態だ。ブレーキパネルには、ライニングが2枚装着されている。ブレーキドラムの中央にあるベアリングを汚さないように、くれぐれも注意しよう。

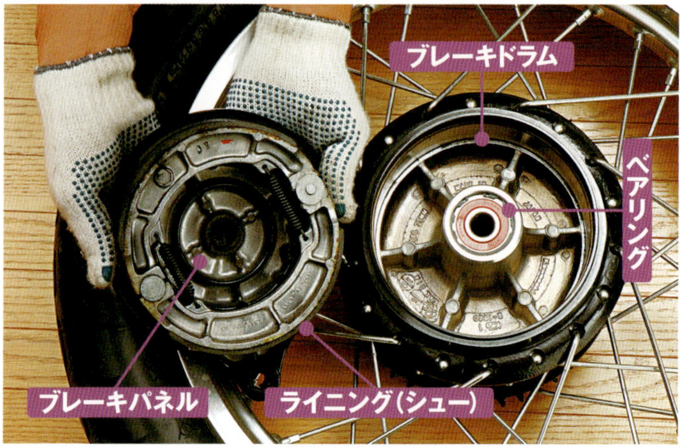

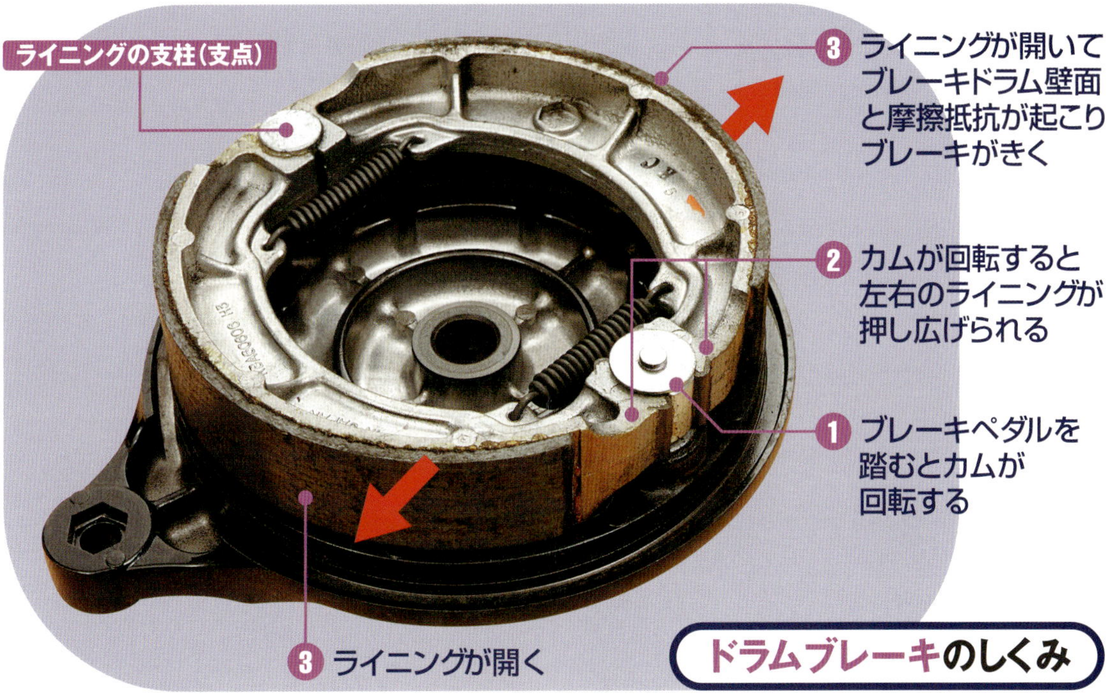
ライニングの支柱(支点)
3 ライニングが開いてブレーキドラム壁面と摩擦抵抗が起こりブレーキがきく
2 カムが回転すると左右のライニングが押し広げられる
1 ブレーキペダルを踏むとカムが回転する
3 ライニングが開く

ドラムブレーキのしくみ

Attention!

分解するときは元の位置を覚えておこう!

分解して組み上げたときライニングの向き、バネの上下や位置を変えるとブレーキフィーリングが大きく変化する。新品に交換時も、バネ方向と位置は元に戻すことが重要だ。

3 ライニングを取りはずす

下の写真はライニングを取りはずしたブレーキパネル。ライニングの取りはずし方は、2本の固定スプリングをはずすだけだが、強力なバネなので反動でケガをしないように作業しよう。また、取りはずしたバネの上下(向き)は必ず覚えておこう。

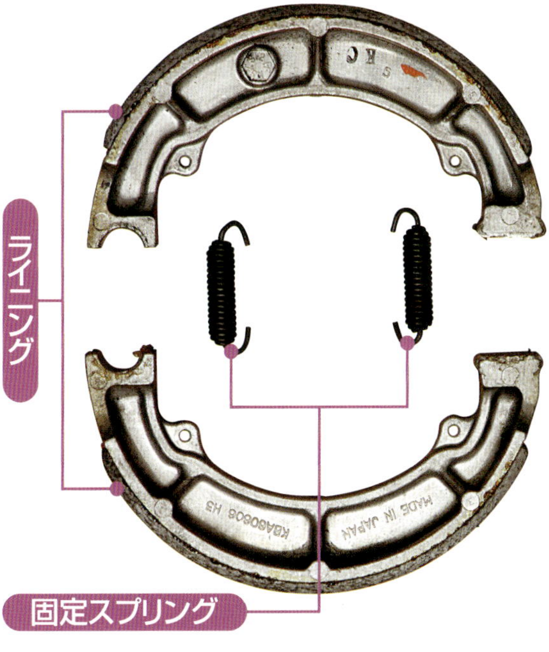
ライニング
固定スプリング

MADE IN JAPAN
ブレーキパネル

ライニングの交換❶

ライニングの研磨&清掃のやり方

ここからはライニングの交換方法を紹介する。基本的にはドラムブレーキのライニングも、ディスクブレーキのパッド交換と同じ。新品ライニングは面取りしてから組み込む必要がある。無精すると不快な鳴きや効きの悪さに悩むことになる。

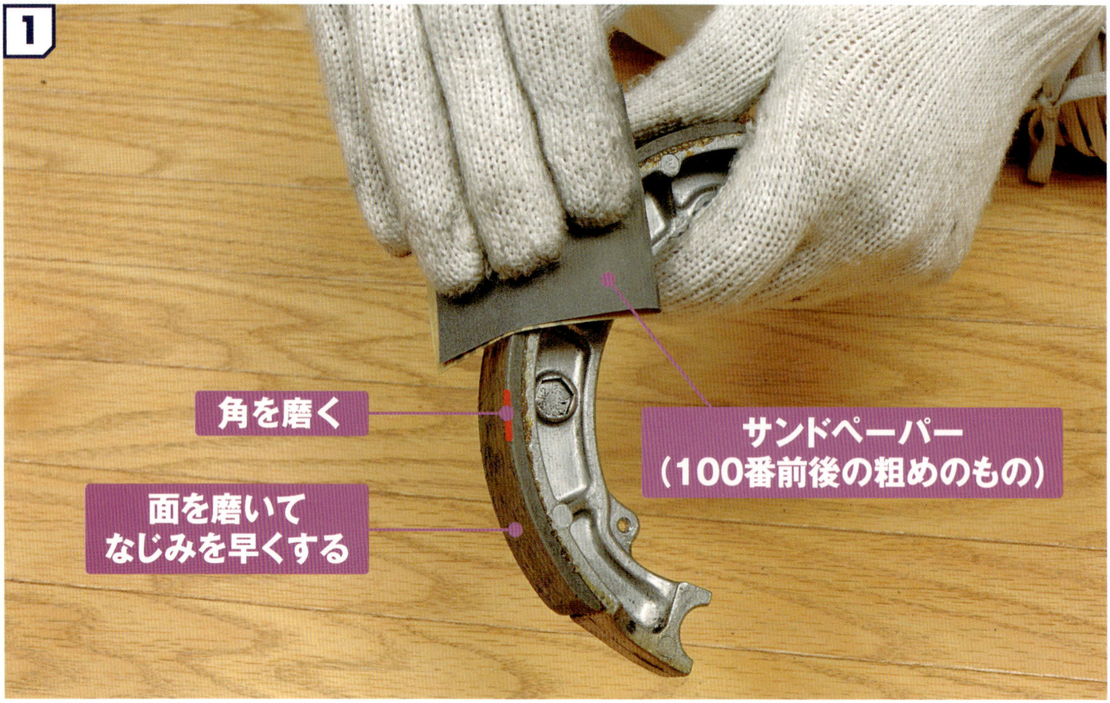

用意するもの

❶ **ドライバー**
補助的に使うので車載工具でも問題ないだろう。

❷ **プライヤー**
先端が細いタイプが使いやすい。しっかりしたモノを使おう。

❸ **ウレアグリス**
非常に持ちのよいグリスでおすすめだが他のグリスで代用可。

❹ **サンドペーパー（100番）**
粗めのサンドペーパーなら番手は多少違っても大丈夫だ。

1 ライニングを磨く

粗めのサンドペーパーでライニングを研磨する。とくに円周上の角を丁寧にこすることが大事だ。これだけで早くなじみ、効きが安定するだろう。

2 ブレーキダストクリーナーを吹く

磨きが済んだら磨いて出た粉塵や汚れを取り去ろう。ブレーキダストクリーナーやパーツクリーナーを使うと手早くできて便利だ。

3 ウエス（布）で拭く

油分を含まないきれいなウエスで丁寧に拭き上げよう。きれいに見えてもかなりのダストがウエスにつくはずだ。

ライニングの交換❷

ブレーキパネルのグリスアップ&ブレーキドラムの清掃

ここからいよいよドラムブレーキの組み付けだ。ライニングの取り付けは分解の逆なので省略するが、組み込み前の注意点を3つ挙げておこう。

1 ブレーキパネル内側のカムと支柱にウレアグリスを塗る

ブレーキパネルのカムと支柱は、ライニングの台座と直接金属がふれあう箇所だ。必ずグリスを塗り動きをよくする必要がある。ウレアグリスは安価だが長持ちするのでおすすめだ。

2 ブレーキドラム内側の側面をサンドペーパー(100番)で研磨する

ブレーキドラムの内側も摩滅する。新しいライニングとのなじみをよくするため、少しでいいから研磨と面取りする必要がある。

3 磨いたあとの汚れをウエス(布)できれいに掃除する

大きな段差が見つからなければサンドペーパーで軽く処理する程度で充分。研磨後はドラムの中をきれいに清掃しておこう。

STEP 9

チェーンの張りを調整する

チェーンの遊びが2～3cmになるように張りを調整しよう！

チェーンの遊びが大きすぎるとショックが大きく快適に走れないし、はずれる危険もある。少ない遊びはチェーンとスプロケットの摩耗が激しく、切れの原因にもなり危険だ。

点検のタイミング…… 1,000km走行ごと or 1ヶ月ごと

後輪を浮かせた状態にセットアップする！

センタースタンドか汎用スタンドを使おう！

慣れてしまえば、サイドスタンドをかけた状態でもチェーン調整は可能だが、初心者はできるだけセンタースタンドで立てた状態で調整しよう。センタースタンドのないバイクは汎用のメンテスタンドを利用しよう。パンタジャッキを車体右側にかける方法も有効だ。

センタースタンドがない場合

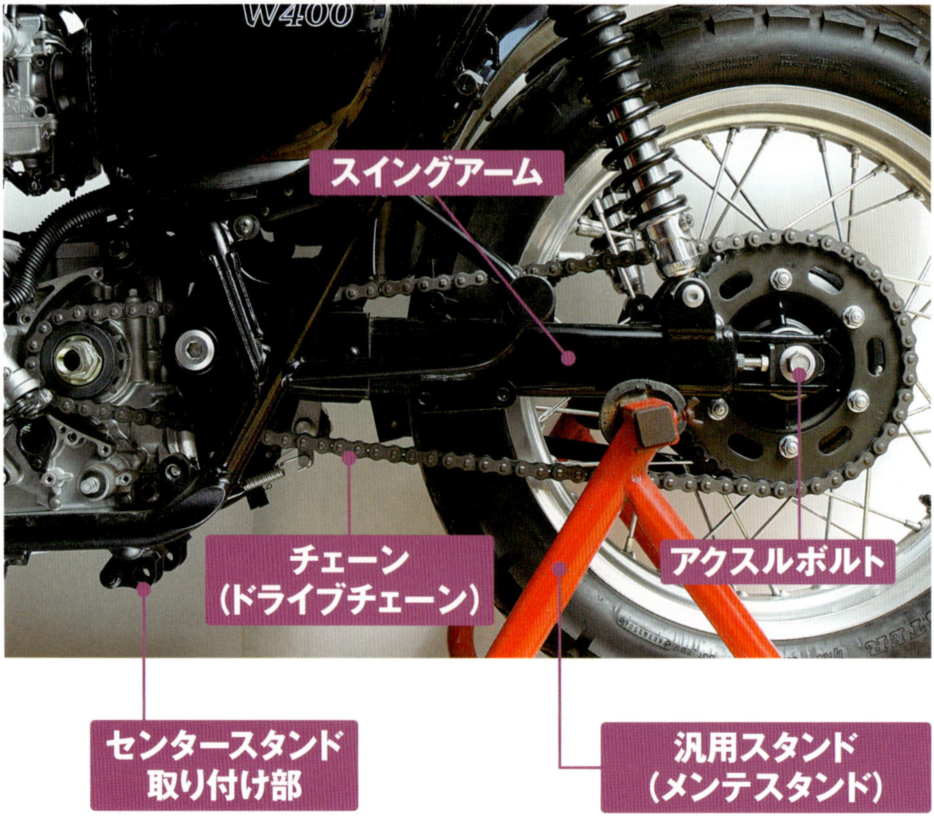

（オプションでセンタースタンドが装着可能な車種もある）

▶全体像の参照はP135へ

遊びを適正値にする！

チェーンの遊びを調整する

前後のスプロケットの中間あたりを手で押し確認しよう。遊びはオンロードバイクで2～3cm。オフロード車なら3～4cmが適正値だ。正確な数値は車種によって異なるので、愛車の取り扱い説明書に従うこと。

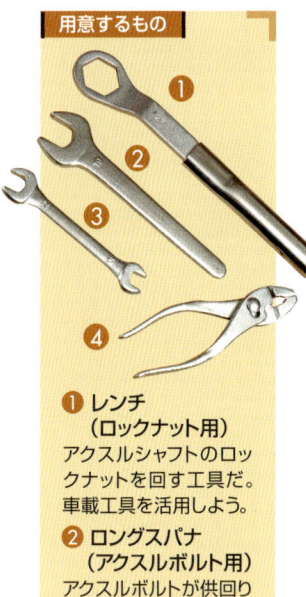

遊び（振り幅）を確認しよう

遊びはオンロード車＝2～3cm、オフロード車＝3～4cm

用意するもの

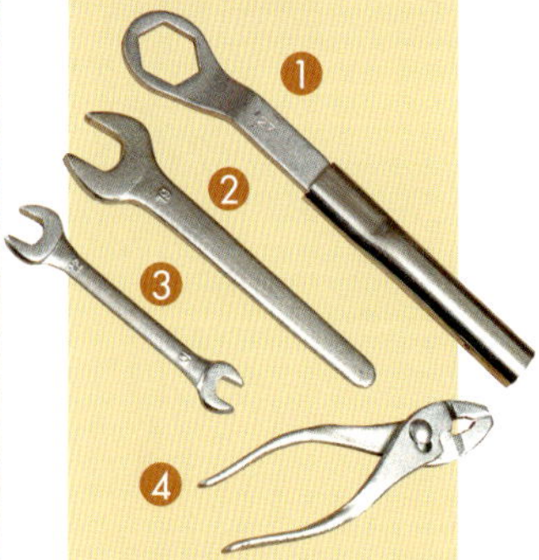

❶ **レンチ（ロックナット用）**
アクスルシャフトのロックナットを回す工具だ。車載工具を活用しよう。

❷ **ロングスパナ（アクスルボルト用）**
アクスルボルトが供回りしないように押さえるスパナ。車載工具にある。

❸ **スパナ**

❹ **プライヤー**

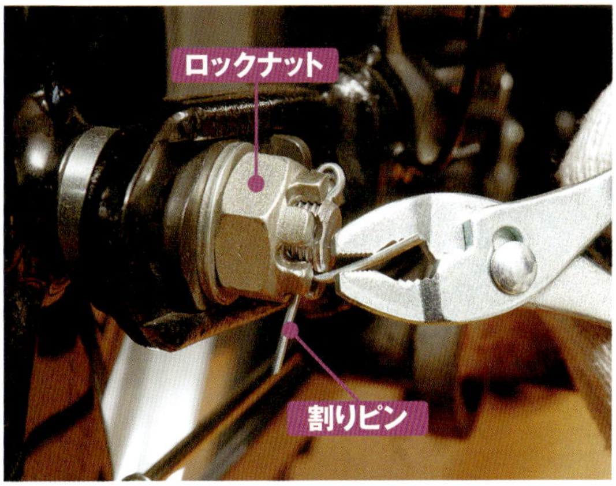
ロックナット
割りピン

1 アクスルシャフトのロックナットの割りピンを抜き取る

まず、アクスルシャフトのロックナットについている割りピンを取りはずす。プライヤーで曲がりを修正して抜けばよい。写真のような割りピンは再利用せず新品に交換するのが望ましい。

逆側でアクスルボルトを押さえる
ロックナットをゆるめる

2 左手でアクスルボルトを固定しながらロックナットをゆるめる

用意するもので紹介した車載工具を使ってアクスルシャフトをゆるめる。回すのは右側のロックナット。左側のボルトは供回りしないように押さえるだけだ。ナットをはずす必要はない。

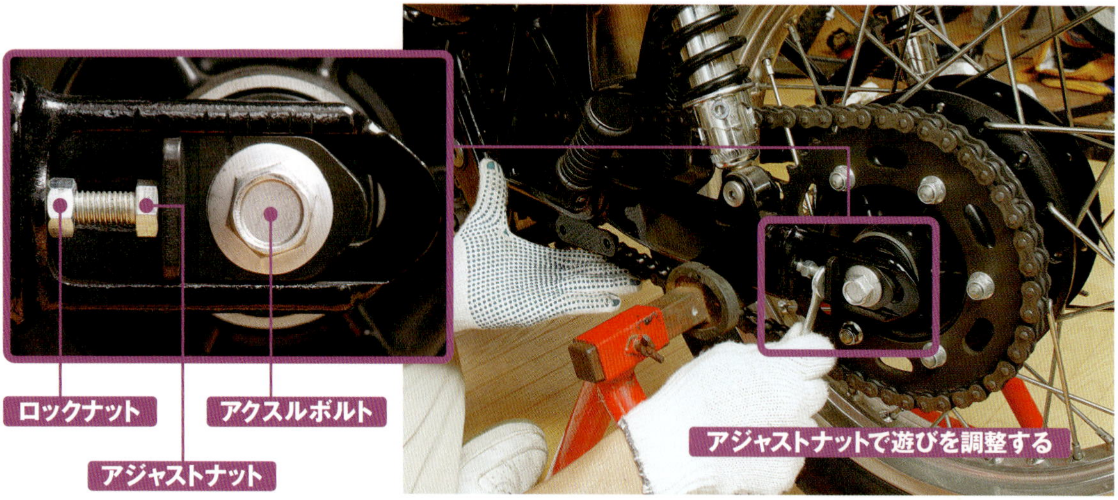

3 ロックナットをゆるめる

ネジで締め込むタイプのアジャスターはロックナットをゆるめてから調整する。チェーンアジャスターにはこのタイプ以外にも数種類ある。

アジャストナットは左右のスイングアームにそれぞれあるから、両方を均等に調整する!

4 アジャストナットを回してチェーンを調整する

チェーンアジャスターは左右についているので左右を均等に調整することが重要だ。写真でも判るが切り込みがあり調整量の目安に使える。

Attention!

アジャストナットを回した回数を覚えておこう!

前述の切り込みだけで正確に左右均等を出すのは難しいだろう。元の調整値が均等であることが条件だが、ナットを回した回数を記憶し揃えよう。

逆側のアジャストナットも同じように調整しよう!
汎用スタンド

5 反対側のスイングアームのアジャストナットも同じように調整する

アクスルシャフトがゆるみすぎている場合は、時折タイヤを前に押し、アジャストナットに密着させながら作業すること。センタースタンドなどで立てると偏りにくく楽にできる。

4 チェーンがまっすぐ張られているか確認する

左右均等に調整し、適度な遊びを確認したら、アジャスターのロックナットを締める。次いでアクスルシャフトも確実に締めて割りピンで固定すること!

○

チェーンがまっすぐに張られている

このように張ると走行抵抗も減少して快適で低燃費にバイクは走ってくれるだろう。車体をスタンドから降ろし、もう一度遊びの確認をしたら完了だ。

×

チェーンが曲がって張られている

これは写真でも判りやすくするために極端に曲がっている。もちろん些細な曲がりでもチェーンやスプロケットの摩耗につながるので要注意だ!

チェーンがないバイクもある!
「シャフトドライブ式」

このドライブ方式は一部の大型バイクに採用されている。特徴は、耐久性に富み、動力伝達にロスがなくダイレクトな感覚があること。メンテナンス頻度が少なく済むことだ(専用オイルの交換は必要)。短所は構造が複雑で融通性がないこと。どうしてもコストがかかり高価になってしまうことだろう。

STEP 10

スプロケットを点検する

エンジン側&後輪側の2つのスプロケットをチェック!

スプロケットは消耗品だ。チェーンと同時に交換するのが基本だが、注油サイクルが悪かったり、チェーンの遊び調整が不適切だと、著しく寿命が短くなることもある。

点検のタイミング…… **20,000km走行ごと or 24ヶ月ごと**

エンジンパワーを後輪に伝達する2つの支点

スプロケットの磨耗を点検しよう!

スプロケットの歯がギザギザに尖ってきたら、交換の時期だと心得よう。スプロケットとチェーンは密接な関係にあるので、チェーンとスプロケットは同時点検が大切だ。

ドライブスプロケット(エンジン側)

スプロケットカバーをはずすと小さなスプロケットが現れる。これがドライブスプロケットだ。油や泥の汚れをきれいに拭き取ってから摩耗を点検しよう。

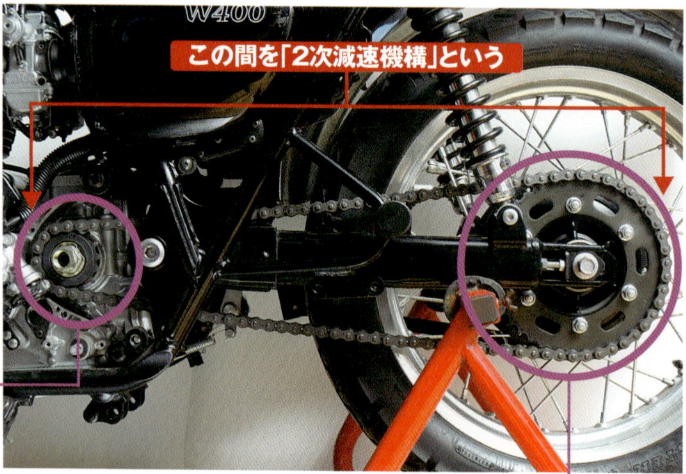

ドリブンスプロケット(後輪側)

後輪ホイールについているドリブンスプロケット。普段の点検はこちらを主に点検する。これが摩耗したらドライブ側も点検しよう。

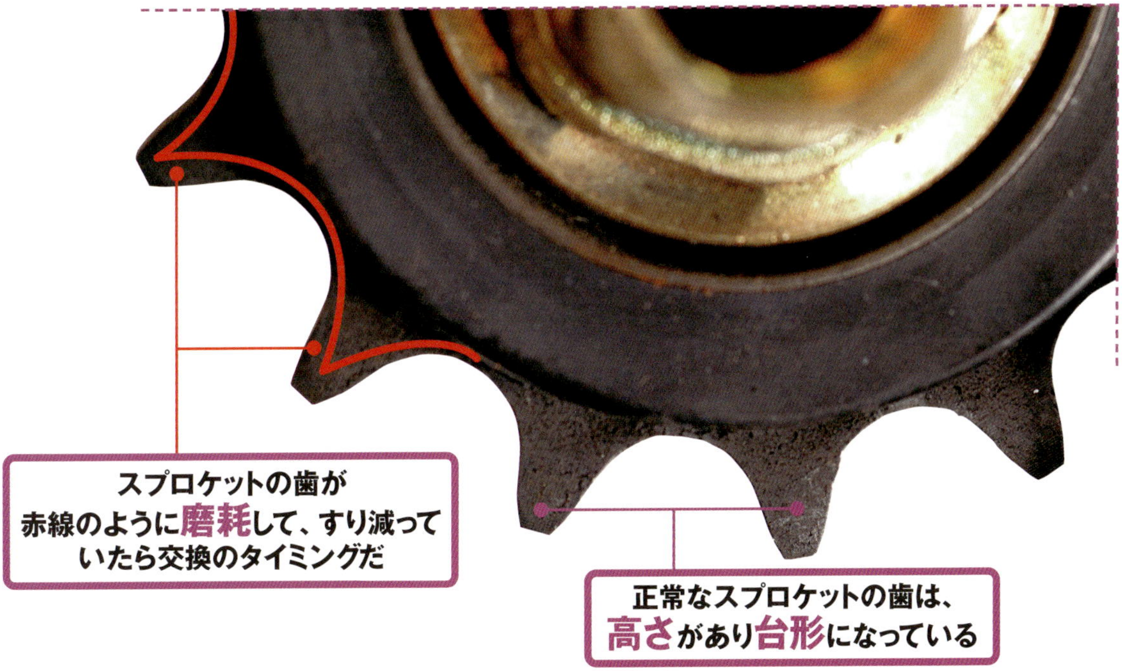
スプロケットの歯が
赤線のように**磨耗**して、すり減って
いたら交換のタイミングだ
正常なスプロケットの歯は、
高さがあり**台形**になっている

後輪側スプロケットで判断!

自分でスプロケット交換できる車種&できない車種

スプロケットを留めているネジがセンターに1本だけしかない場合は、エア工具(高価だ)を使って作業する方が安全確実だ。無理をせず専門店に依頼した方が経済的。自分で判断して早めに相談しよう。

▶後輪のはずし方はP138へ

ドライブスプロケットのはずし方

ネジを回そうとしても、スプロケット自体が回ってしまい作業しにくい。チェーンをはずす前にギヤを1速に入れることでブレーキをかけた状態にして、先にゆるめてしまおう。そのあとチェーンと一緒にはずすと簡単だ。

ドリブンスプロケットのはずし方

チェーン調整の要領でボルトをゆるめ、チェーンと後輪をはずす。付属のワッシャーの位置を確認しておこう。取りはずした後輪に保護用の布などを敷いて置く。あとは取り付けネジをゆるめ新しいスプロケットに交換だ。

1
2
3
4
5
6

新品スプロケットに交換してネジを締めるときは、ネジを対角線上に締めていき、均一な力で締めるのが大切だ。

Attention!

まずエンジン側のドライブスプロケットの留めネジを確認!

写真のように、ドライブスプロケットが大きなネジで留まっている場合は、通常は専用ソケットやエア工具を使って作業する。構造を確実に理解していればはずせないこともないが、無理は禁物だ。スプロケット交換は頻繁に行なうことではないので、専門店に相談しよう。多少の工賃を支払っても結果的には経済的だ。また、小さなボルト2本などで留まっているタイプは自分でも交換が可能だ。左側のはずし方を参考に挑戦してみよう。もちろん作業は確実に行なうこと!

ドライブスプロケットの留めネジが1本の車種は、専門店にまかせた方がいい

STEP 11
後輪をはずすメンテナンス

後輪をはずして行なう メンテナンスは意外と多い!

パンク修理やスプロケット交換など、後輪をはずして行なうメンテナンス項目は多い。ここでディスクブレーキより少し面倒なドラムブレーキ車の後輪のはずし方を覚えよう。

点検の目安…………タイヤ交換時 or スプロケット交換時

同時にアクスルシャフトのグリスアップをしよう!

後輪を取りはずす順番を覚えよう!

まず、ブレーキ固定部のボルトをゆるめはずす。次にブレーキロッド取り付け部のネジをはずす。さらにチェーン調整用のロックナットと、アクスルシャフトのロックナットをゆるめてはずす。ここまで進んだら、後輪を前方へ最大に押し出してからチェーンをはずそう。チェーンをはずしたら、アクスルボルトを引き抜けば後輪がはずれる。

6 後輪を前へ押し出してからチェーンをはずす

4 アジャストナットをいっぱいにゆるめる

5 アクスルシャフトのロックナットをはずす

3 ブレーキ点検時にはずす必要があるが、後輪をはずすだけならこのままでOK

2 ブレーキロッドの取り付け部をはずす

1 ブレーキの固定部をはずす

用意するもの

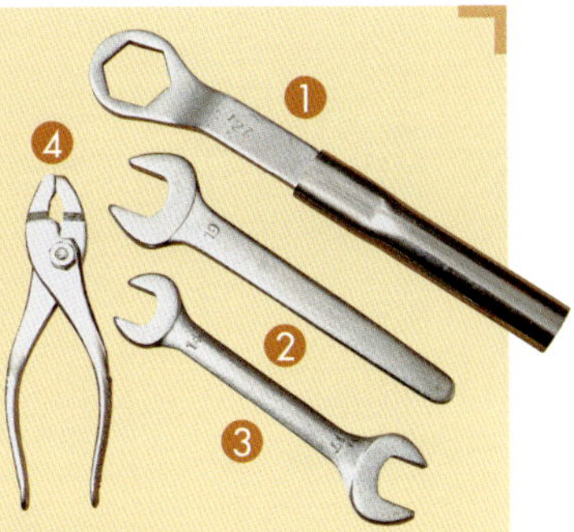

❶ **レンチ（ロックナット用）**
車載工具だ。延長工具と合わせて使用することを忘れないように!

❷ **スパナ（アクスルボルト用）**
これも車載工具だ。こちらはボルトの供回りを抑えるために使うこと。

❸ **両口スパナ**
車載工具にもあるが頻繁に使う工具なので、1つ購入しておくといい。

❹ **プライヤー**
車載工具にも入っているが、もっと使いやすいものを持つことをすすめる。

❶ ブレーキの固定部をはずす

ドラムブレーキが後輪と供回りしないように、車体側とつながって固定している部分だ。念入りに割りピンではずれ止めがされている。写真の割りピンなら再利用も可能だが、折り曲げるタイプは新品に交換しよう。

割りピンのはずし方

まずプライヤーで下から持ち上げて割りピンの頭を出す。このタイプの割りピンは再利用可能だ。

割りピンの頭が出たらプライヤーで引き抜く。割りピンが広がって効きが悪かったら新品に交換だ。

割りピンをはずしたらロックナットをゆるめる。取り付けはスパナで回る程度の力で締めよう!

❷ ブレーキロッドの取り付け部をはずす

このナットはロック兼アジャスターだ。ナット取り付け部はスプリングで後方に押されている。ゆるみにくいので、ナットの取り付け部を前方に押し出しながらはずすと簡単だが、スパナではずしてもかまわない。

❸ ブレーキ点検時はここもはずしておこう

ここでは取り付けたままでも問題ないが、ブレーキ内部のライニングなどを点検・交換する場合ははずしておこう。ロックナットをはずして引き抜くだけだ。取り付け時は、調整の目安になるプレートとともに必ず同じ位置に戻すこと。

←次ページへ続く

4 アジャストナットをいっぱいにゆるめる

チェーンアジャスター（チェーンの張りを調整する部分）のロックナットを一杯にゆるめて、アジャストナットも一番ゆるい位置まで回しておこう。チェーンを完全にゆるめておかないと後輪ははずれない。

まずはアクスルシャフトについている割りピンをはずそう。このようなタイプは使い捨てが理想的。

5 アクスルシャフトのロックナットをはずす

上写真のロックナットは座金（ワッシャー）と接する裏面を見せている。がっちり締まっているナットだから確実な工具ではずそう（車載工具が使える）。また写真のアジャスター金具は撮影の都合で左右が逆向きになっているので注意してほしい。

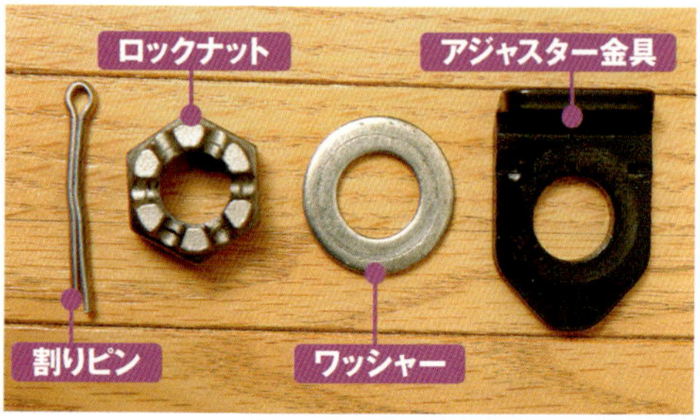

アクスルシャフトのロックナット関連部品。左側から割りピン、ロックナット、ワッシャー、アジャスター金具。

ONE POINT

アクスルシャフトのロックナットをはずすときは、逆側にあるボルトをスパナで押さえながら行なう

ナットをゆるめるときは、写真では見えない逆側のボルトが供回りしないようにスパナで押さえておく。ここでいうボルトとはアクスルシャフトのことだ。

6 後輪を前方へ押し出してからチェーンをはずし、片手で後輪を持ち上げながらアクスルシャフトを抜く

ここでハンマーを使う場合は、プラハンマーかゴムのショックレスハンマーを使うこと。金属ハンマーではネジ山を傷める恐れがある。ホイールごと後輪を少し持ち上げながら抜くと、軽く抜けるはずだ。

いよいよ後輪をはずしてみよう!
3 後輪を少し持ち上げておきながら4へ
2 チェーンをはずしておこう
1 後輪を前方へグッと送り出しておく
4 ハンマーで叩いて逆側のアクスルボルトの頭を出せば、アクスルシャフトが抜きやすくなる

▶ タイヤのはずし方
関連記事はP158へ

ONE POINT アクスルシャフトを抜いたらついでにグリスアップ!

アクスルシャフトが固着してしまうと、タイヤ交換などの必要なメンテナンスができなくなってしまうから大問題。アクスルシャフトをはずしたら、錆びや固着を防ぐグリスをシャフトに塗っておこう。

これだけで以降のメンテナンスがグッと短時間で済むようになる。もちろん、グリスには防水性もあるからハブベアリングの耐久性も向上するはずだ。グリスを塗る前には、アクスルシャフトの汚れを拭き取っておくことが大切だ。

耐久性に優れたウレアグリスが最適!

取り付け時も後輪を持ち上げながら!

STEP 12

タイヤの空気圧を点検する

バイクに乗るとき空気圧をチェックする習慣をつけよう!

タイヤの空気は少しずつ抜ける。月1回はチェックして、適正空気圧を保とう。流行の窒素ガスを補充するのもいい。まあ、大気の約70%は窒素なのだが……。

点検のタイミング…… 1,000km走行ごと or 1ヶ月ごと

タイヤの空気は自然に抜ける!

自分のタイヤゲージを手に入れよう

タイヤの空気圧はバイク屋さんまかせが多いが、使われるエアーゲージを信用していいかというと疑問だ。一例だが0.3kgも狂いがあるゲージを使っている店もあった。

用意するもの

① エアポンプ
これは携帯用のポンプだが、自宅に置くならもっと使いやすいタイプもある。

② エアゲージ
購入するならこのような針で示すタイプを購入しよう。安価すぎるモノは信用できない。

③ バルブ回し(ムシ回し)
空気を抜くときに使えて便利。パンク修理にも必需品なので持っておくべき工具だ。バイク用は柄の短いタイプだ。

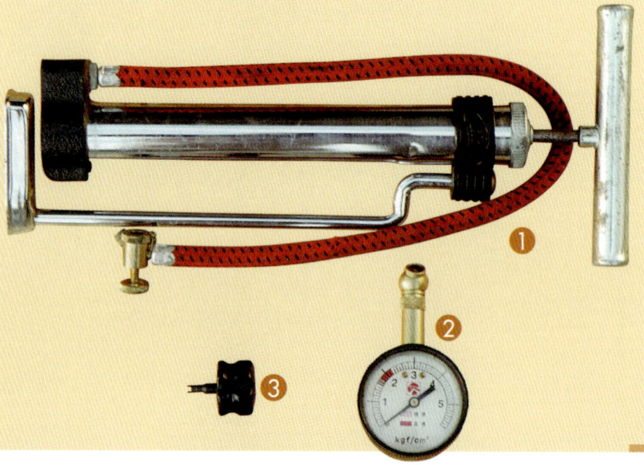

1
2
3

空気圧の測定法(エアゲージの使い方)

空気圧の指針が最大値で止まるタイプと止まらないタイプがある。どちらもゲージを当てた口とバルブのすき間から空気が漏れないようしっかり当てること。まごまごしていると空気が抜けるから手早くやろう。

バルブにきちんと当てて押し付ける

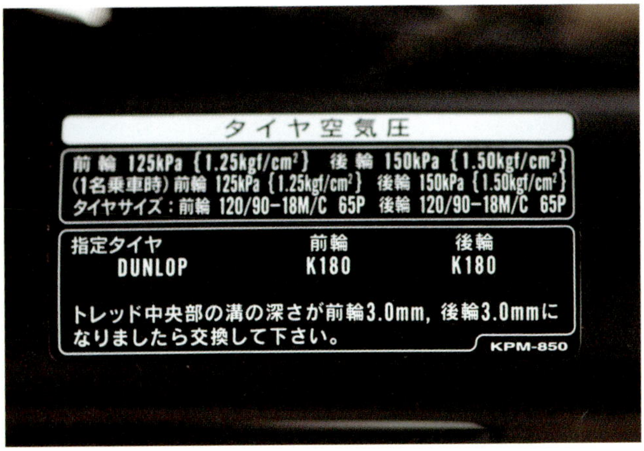

車種ごとに指定された空気圧を入れる
（スイングアームかチェーンカバーにタイヤ関連・指定シールが貼ってある）

基本的にはバイクに貼ってある空気圧を守るが、路面状況や走行速度によって20%くらいの増減は可能だ。空気圧を上げると車体が跳ね、減らすとふらつく傾向がある。また雨中では少し高め、荒れた路面は低めが走りやすい。

タイヤに異常がないのに空気圧が減る!?

バルブの空気漏れをチェックする

何も問題がなくても、タイヤの空気は少しずつ減少する。しかし、減りが著しい場合は、バルブのムシを点検してみよう。もちろん小さな穴のパンクも考えられるが、意外に多い原因がバルブのムシの不具合なのだ。

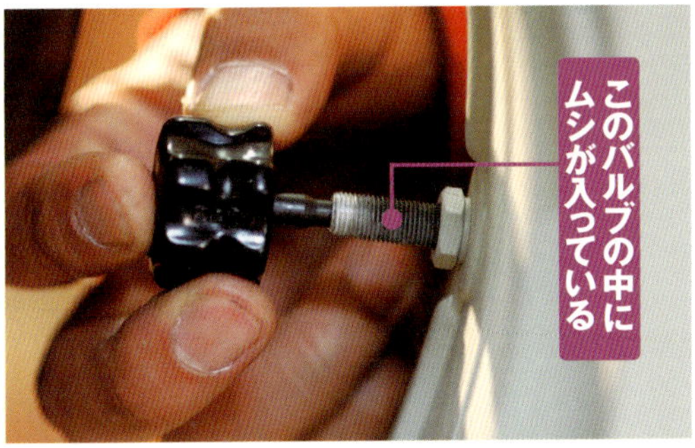

バルブ回し（ムシ回し）でゆるみを締める

バルブにムシが確実に固定されていないと、空気は漏れてしまう。空気漏れが大きいと感じたら、ムシを締めてみよう。

▼

洗剤か石鹸水を塗って空気漏れを点検!

空気漏れのあるバルブは、中性洗剤を塗るとこうなる。ムシを締めても、このように泡がふくらむようならムシ交換する。

バルブの「ムシ（バルブコア）」って何？

下の写真で、赤帯がついた小さな虫のような部品が「ムシ」。バルブにねじ込み固定されて空気漏れを防ぎ、また弁の役割りもする。登頂部の突起を押している間だけ空気が抜けるしくみで、入れすぎた空気はムシを押せば簡単に抜ける。小さいがゆるみや破損は痛手になる。安価な部品なので数年に1度交換すると安心だ。

STEP 13

タイヤの傷や磨耗を点検する

路面と接触するタイヤのメンテナンスはとても重要だ!

高性能エンジンやフレームを備えたバイクも、路面と直に接するのはタイヤだ。足元のトラブルは走行性にダイレクトに影響するから、しっかり定期点検しよう!

点検のタイミング……　1,000km走行ごと or 1ヶ月ごと

タイヤはどこまで使えるの?

スリップサインでタイヤの磨耗をチェック!

スリップサインとはタイヤのスリット(溝)にある凸型の突起のこと。タイヤの摩耗を示すサインだ。接地面が摩耗して1ヶ所でもスリップサインが現れたら使用限界だ。すみやかに交換しよう。スポーツ性の高いタイヤは摩耗も激しくサインより早期交換が望ましい。

マーカー(▲印)の延長線上の溝の中にある突起スリップサインで磨耗を判断する

スリップサインは、スリット中に数ヶ所設定されている。バイクの使用環境により最初に現れる場所が違うから、タイヤ点検は念入りに行なおう。タイヤが摩耗してトレッド面がスリット中の凸と段差がなくなったら使用限界。タイヤを交換しよう。

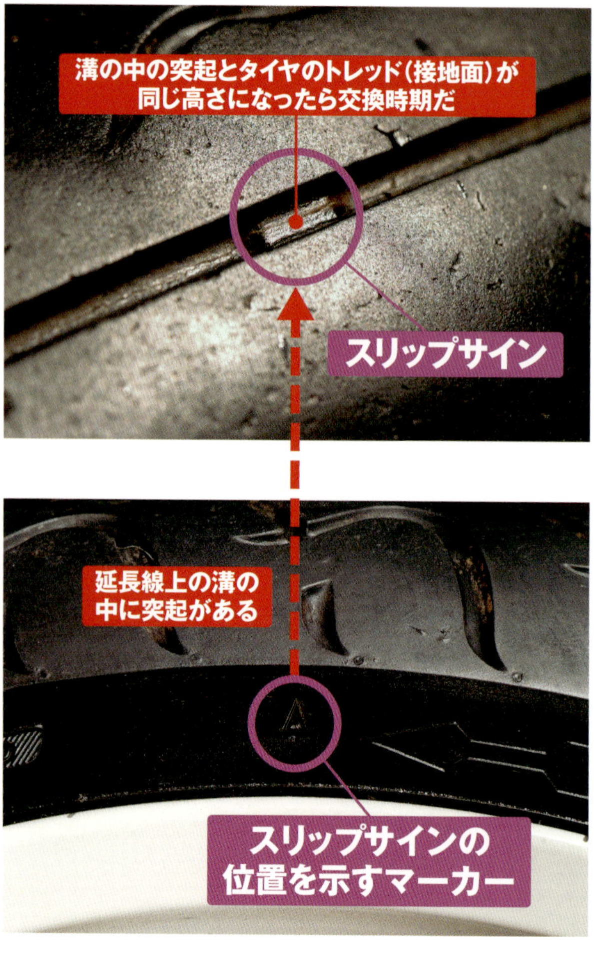

溝の中の突起とタイヤのトレッド(接地面)が同じ高さになったら交換時期だ
スリップサイン
延長線上の溝の中に突起がある
スリップサインの位置を示すマーカー

「スリット」…
道路との接地面にある溝をスリットと呼ぶ。おもに排水(雨など)や走行音の低減に役立っている。

「トレッド」…
タイヤが道路に接地する面をトレッド(トレッド面)と呼ぶ。

「トレッドパターン」…
トレッド面に施されたスリットの模様(配列)をトレッドパターンと呼ぶ。排水性能などの他に、見た目のデザインも重視されている。

▶タイヤの劣化についてはP148へ

溝にはまった異物を取り除く

ドライバーなどを利用して、タイヤのスリットにはさまった異物を取り除こう。不快な走行音やパンクの発生率を軽減することができる。

刺さったモノを抜くときは注意！

クギなど鋭利な異物が刺さっていたら慌てて抜かないこと！　一気に空気が抜けてパンクする可能性がある。パンク修理可能な場所で点検しよう。

ONE POINT　タイヤの減り方が偏っていた場合

偏摩耗が発生したらアライメントの狂いが考えられる。おもにフロントフォーク、フレーム、スイングアームの歪みや曲がりに起因する場合が多く、バイク専門店での本格的な点検・修理が必要だ。

チューブレスタイヤ

チューブタイヤ

チューブタイヤとチューブレスタイヤの違いは何？

●チューブタイヤ

タイヤの内側に、空気を溜めたチューブを備えているタイヤだ。かつては一般的だったが、現在はおもにオフロード車やクラシックタイプ車が採用。例外を除き、チューブタイヤはスポークホイールに装備される。パンクするとすぐ空気が抜けて修理が面倒なのが難点だ。

●チューブレスタイヤ

オンロードバイクのほとんどが採用しているタイヤだ。タイヤ内部にチューブを持たず、タイヤ自身が空気を密閉できる構造なので軽量でもある。軽金属製のキャストホイールへの装着が最適で、足まわりの軽量化に貢献する。釘を踏んでもすぐには空気が抜けず修理も簡単だ。

「アライメント」…車軸に対する車輪の角度（相対的なバランス）のこと。ホイールアライメントともいう。

STEP 14

ホイールの点検&清掃

車重を支えて高速回転するホイールはバランスが命だ!

キャストホイールはほぼメンテ不要だが、スポークホイールは定期点検・調整が必要だ。完璧な調整は難しいが、実用に差し支えない範囲の調整なら個人でも可能だ。

スポークの点検…… 5,000km走行ごと or 6ヶ月ごと

ドライバーなどの工具で叩いて音で判断する!

スポークのゆるみを点検する方法

スポークを叩いてゆるみの点検をしよう。カーンと澄んだ音がすれば問題ないが、ボーンと濁った音はゆるんでいる証拠。澄んだ音が出るまで少しずつ締め、反対側も必ず少しずつ締める。締めすぎは厳禁! ゆるんだスポークだけ調整しよう。全体の調整は専門店へ。

ドライバーなどの金属工具でスポークを叩いて
「カーン」と澄んだ音なら大丈夫。
「ボーン」と濁った音は調整が必要となる

濁った音がしたスポークはニップルレンチという工具か小さなスパナで回す。ニップル(スポーク根元)を少しずつ締め、反対側も締める。ホイールの中心に向かって右へ回すと張る。必ずゆるんだスポークだけを調整しよう。本格的な調整は専門店にまかせよう。

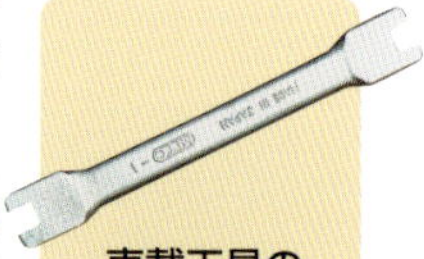

車載工具の
ニップルレンチ

アルミホイールの手入れをしよう!

アルミホイールの清掃方法

バイクのホイールには光沢のあるモノ、表面がざらついた仕上げのモノがある。洗車をしたらホイールにもワックスをかけたいが、市販ワックスにはアルミホイールは使用禁止と書かれているものもある。ここであらためてホイールの手入れ方法を解説しよう。

表面に光沢があるホイール（コーティング加工されてる場合）

光沢のあるホイールには、カルナウバ・ロウなどの油脂ワックスからガラス系コーティング剤まですべて使える。ただし、タイヤに付着させないように注意しよう！ トレッド面（接地面）への付着はすべてのワックス類で厳禁だ。ガラス系はタイヤのサイド面のみ使用可能。

表面がザラついた感じのホイール

このようなホイールには油脂ワックスは使えない。ガラス系コーティング剤なら問題ないが、トレッド（接地面）には絶対に付けないように作業しよう。また、シリコンスプレーを布に含ませてホイールに塗っておくと汚れがつきにくく、汚れた場合でも簡単に落とせる。

ホイールの種類について

スポークホイールとキャストホイールの違い

ここでスポークホイールとキャストホイールの特徴を紹介しておく。基本的にスポークホイールはチューブタイヤ用。キャストホイールはチューブレスタイヤ用ととらえよう。

キャストホイール

材質はアルミやマグネシウムなどがある。鍛造構造なので気密性が高く、チューブレスタイヤには最適だ。写真のように向こうが見えるタイプ以外に円盤のような形状のディッシュホイールと呼ばれるタイプもある。軽量・高剛性が特徴でスポーツ車用だ。

スポークホイール

リム面の材質はメッキ鉄やアルミが一般的だ。スポークの伸縮性が期待できるので激しい衝撃をうけるオフロードバイクに多く採用され、しなやかな乗り心地が特徴だ。スポークを通す穴があるのでチューブレスタイヤには対応しないホイールが多い。

Column for BEGINNER

タイヤには旬がある！

何年も放置したタイヤは溝がありヒビ割れがなくても、硬化していれば使用限度を超えている

タイヤも賞味期限切れ？

　タイヤが最高性能を発揮する期間は短い。溝があるから大丈夫とか、ヒビ割れがないから安心といった話ではなく、大排気量のスーパーバイクに性能を発揮させた場合の話だが。あなたは新品タイヤが滑りやすいことを知っているだろうか？　ベテランライダー達は経験から学習しているが、新品タイヤを装着しても最初の200㎞くらいは滑りやすい状態だと覚えておこう。ベテランライダーは「ひと皮むく」などと表現して新品タイヤでは無理な走りはしない。その後2000〜3000㎞くらいは高性能を発揮するが、スーパーバイクで乱暴な乗り方をするとそのくらいでツルツルになってしまうこともある。とはいえ普通に使えばまだまだ問題のない範囲だが、タイヤの寿命は走行距離だけでは測れない。走っていなくても充分溝があっても装着してから何年も経過したタイヤは硬化して滑りやすくなっているからだ。スリップサインが出たりヒビ割れがあれば交換は当然だが、タイヤが硬化したら思い切って交換することが安全運転につながるだろう。

PART 6

診断チャート付き

トラブル解決法&工具について

出先でエンジンが始動しない、調子が悪いなど、
突然のアクシデントに遭遇した際のトラブル解決法だ。
また、メンテナンスの工具について考えてみよう。

エンジンが始動しないトラブルの解決

エンジンが始動しない深刻な状況でも、原因は意外と単純なことが多い。ガソリンの残量やバッテリーチェックなど基本的なことから慌てずに、筋道立てて原因を探ってみよう。

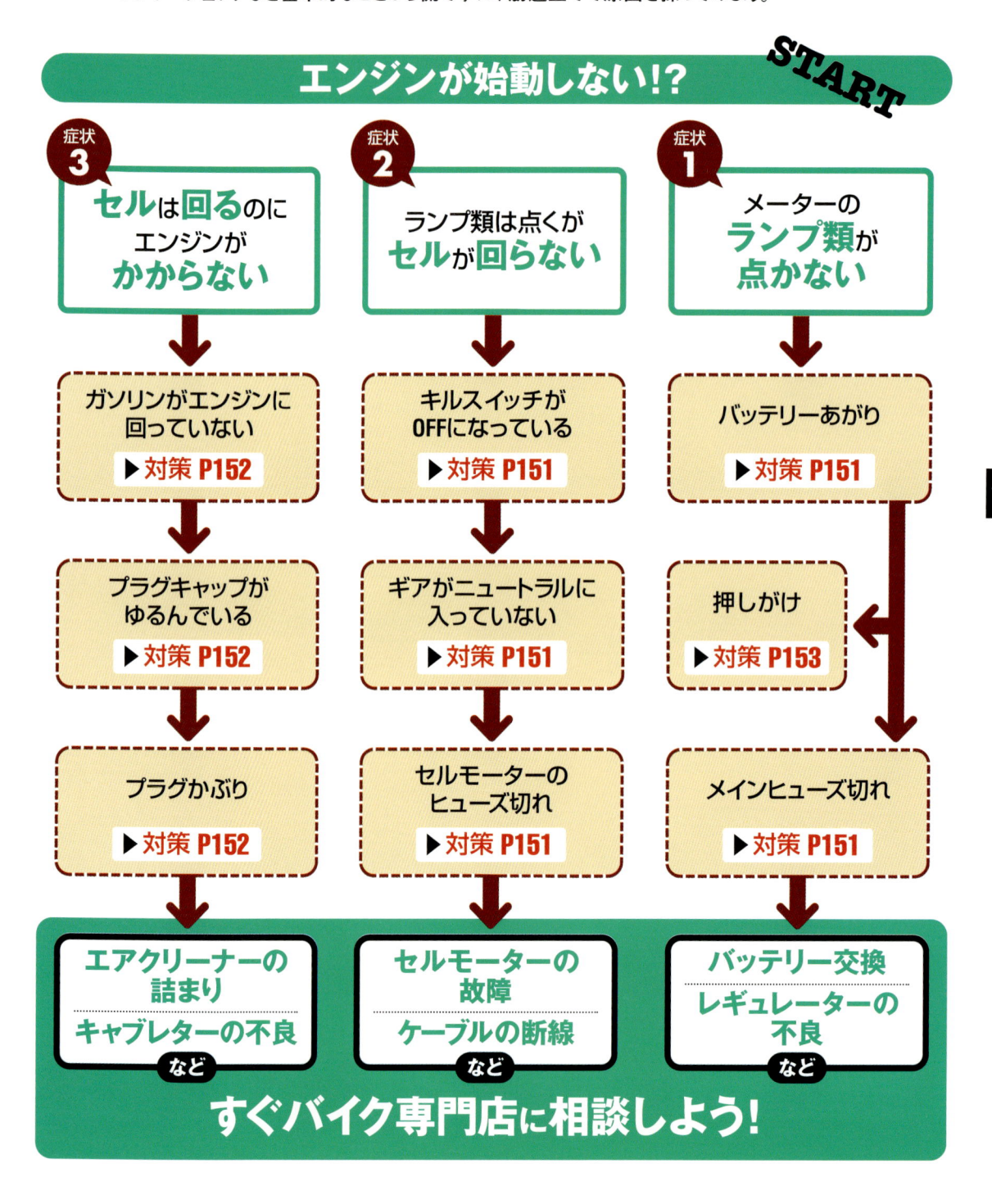

エンジンが始動しない!?

START

症状1 メーターのランプ類が点かない

- バッテリーあがり ▶対策 P151
  - 押しがけ ▶対策 P153
- メインヒューズ切れ ▶対策 P151

バッテリー交換

レギュレーターの不良

など

症状2 ランプ類は点くがセルが回らない

- キルスイッチがOFFになっている ▶対策 P151
- ギアがニュートラルに入っていない ▶対策 P151
- セルモーターのヒューズ切れ ▶対策 P151

セルモーターの故障

ケーブルの断線

など

症状3 セルは回るのにエンジンがかからない

- ガソリンがエンジンに回っていない ▶対策 P152
- プラグキャップがゆるんでいる ▶対策 P152
- プラグかぶり ▶対策 P152

エアクリーナーの詰まり

キャブレターの不良

など

すぐバイク専門店に相談しよう!

症状1 キーをオンにしたときにメーターのランプ類が点かない

一番先にバッテリーあがりを疑ってみる。日常的に使っているバイクなら、他の原因も探る必要がある。バッテリー本体の前にヒューズやターミナルを点検してみよう。

Check 1 バッテリーあがり&ターミナル(接続部)のゆるみを点検する

エンジンが始動しない場合、バッテリーあがりに原因があることが多い。バッテリーに関する基礎知識、取りはずし方、点検法などはP90を参照してほしい。充電器はP104を参照。

ターミナルのゆるみで完全に電気が回らないことはまず考えにくいが、絶対ないとは言い切れない。ゆるみやはずれを確認しよう。

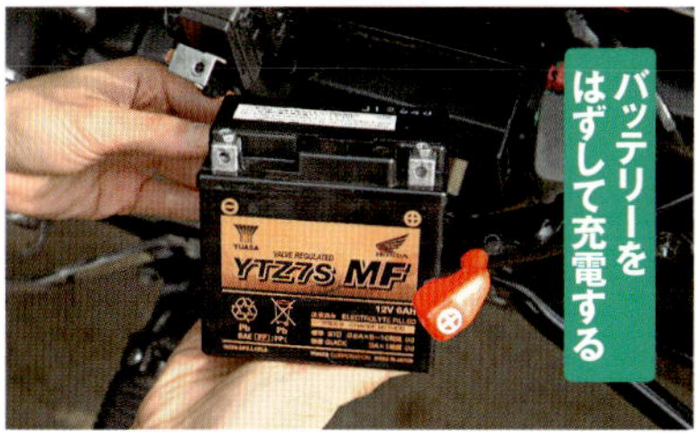

取りはずし方はP90参照。充電器の知識はP104へ。専門店やGSでも充電できるが、急速充電だとバッテリーが傷むので注意しよう。

ブースターケーブルで自分より大容量のバッテリーとつなぐ(方法はケーブルの販売店や取り説で要確認)。数分待ってセルを回そう。

Check 2 メインヒューズが切れていないか確認してみよう

切れたら車体に電気が流れないので交換だ。メインヒューズのありかは単体の場合(左写真)と、他ヒューズと同じボックス内の場合と2通りある。

▶ヒューズ交換の方法はP094へ

症状2 ランプ類は点くがセルが回らない

この症状は、ケアレスミスの場合がほとんどだ。車種によってはキルスイッチがOFFでもセルモーターが回ることもある。まずはキルスイッチを確認してみよう。

Check 1 ニュートラルポジションとキルスイッチを確認する

キルスイッチのポジションがOFFになっていないかチェック。また、ギヤが入った状態(ニュートラル以外のギアポジション)で、セルボタンを押してもセルモーターは回らない。

キルスイッチを確認しよう!

緑色ランプの点灯も確認!

Check 2 セルモーターのヒューズが切れていないか確認する

セルモーターだけがウンともスンともいわない場合はセルモーターのヒューズを点検し、切れていたら交換する。下の写真の車種は「START」の表記がセルモーターのヒューズにあたる。

▶ヒューズ交換の方法はP094へ

症状3 セルは回るのにエンジンがかからない

ここでは最初にガソリンの残量を確認しよう。まさか、と思うかもしれないが、もっとも多いトラブルの原因はガス欠なのだ。残量があればあとは順々に点検してみよう。

Check 1 ガソリンがエンジンに供給されているか確認する

燃料系のチェックは、タンクから順番に下りながら調べるのが基本だ。できれば燃料ホースをはずし、正常にガソリンが下りているかもチェックすると、より確実な点検ができる。

バイクをゆすってガソリン残量をチェックしよう

ガソリンタンクの給油口を開けて中を見る。ガソリンが見えない場合は、バイクを左右にゆすると確認しやすい。もちろんこのときは火気厳禁だ。

フューエルコックをリザーブ(予備)にする

給油口から見えない程度しか残量がない場合は、フューエルコックを予備にする。負圧式の場合はセルを回さないとガソリンは下りてこない。

▶フューエルコックの詳細はP074へ

キャブレターのフロート室を軽く叩いてみる

キャブレターは繊細なパーツだ。内部で微小なゴミが詰まっただけで不調になる。キャブレター下部(フロート室付近)を軽く叩くと、詰まりが取れてガソリン供給がよくなることも。

Check 2 プラグキャップがゆるんでいないか確認しよう

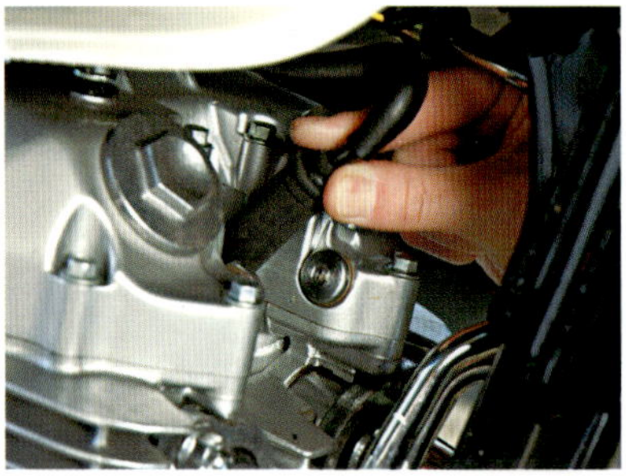

気温が低く始動しにくい条件では、プラグキャップのゆるみやプラグコードの亀裂などでも始動しない場合がある。プラグキャップがゆるんでいないか確認してみよう。

Check 3 プラグかぶりを起こしていないか確認しよう

排気がガソリン臭いと思ったら、プラグをはずす前にアクセル全開のまま(絶対に開閉してはいけない)セルを回してみよう。エンジンが始動したら素早くアクセルを戻すこと!

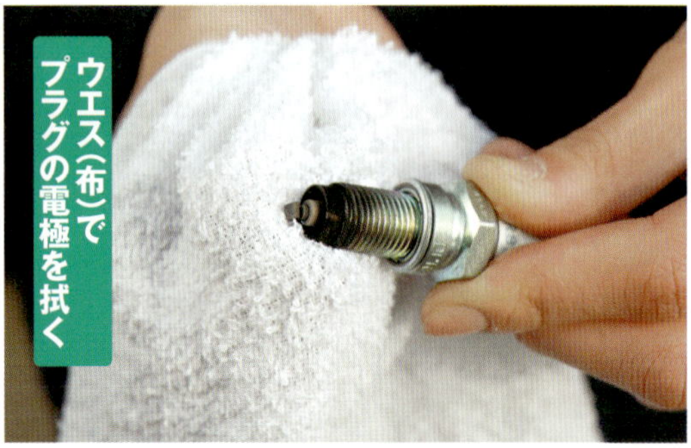

プラグを取りはずして先端(電極)が濡れていたら完全にプラグかぶりの状態だ。きれいな布で拭き、乾かして取り付けよう。

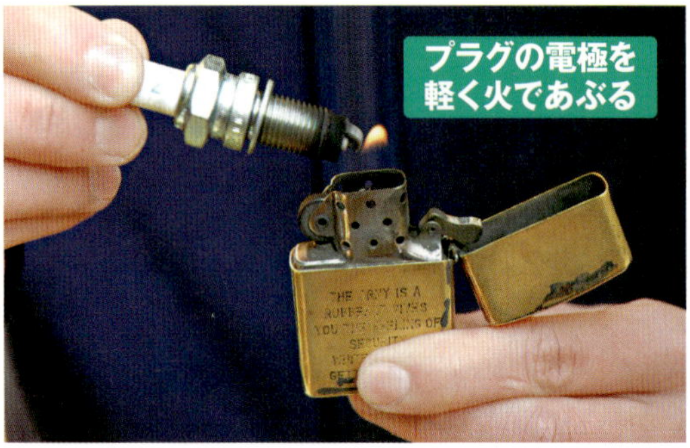

電極を焼いて処置する方法もある。写真のように焼いて電極の濡れを乾かす。焼きすぎは持ち手まで熱くなるから注意しよう。

バッテリーあがり時の始動方法

押しがけでエンジンをかける

1人のときバッテリーあがりを起こし、近くに専門店がない場合の「押しがけ」を紹介する。ただし自信のない人や大型車の場合は無理は禁物だ。このページ末尾の注意を参照されたい。

1

クラッチをしっかり**握った状態**を**キープ**しておく

ギアを**3速**に入れておく。小排気量バイクは2速でもいい

危険のない場所でバイクを押しながら走り出そう

クラッチをしっかり握ってギアを3速に入れる。次にバイクを押し出そう。ある程度の速度(10km以上)になるまでがんばって押そう。ゆるい下り坂があれば利用できる。

▼

2

左足をステップにのせ右足で地面を蹴って速度を維持する

こうしておけばバイクに乗りやすくなるはずだ。下り坂を利用する場合、ステップに足をかけたまま押すと乗車が簡単だ。

▼

3

10km/hくらいの速度にのったら素早くまたがる

一気に座って、シートに体重をかけるのがコツだ。同時に4を行なうが、後輪がロックしたら失速するが慌てず停車しよう。また1からやり直しだ。

▼

4

シートにどすんと座ると同時にスパッと一気にクラッチを放す

クラッチをジワッと放してしまうと逆半クラッチ状態になり、車速だけ落ちて後輪が回らないからエンジンは始動しない。

5

エンジンがかかったらエンジン回転をそのままキープしよう!

ガクガク振動しながらエンジンが始動したら、すぐクラッチを握ってアクセルを軽く空ぶかししてエンジン回転を維持しよう。あとは停車して暖機するか、ギアを落として走り出そう。

Attention!

必ずエンジンがかかるとは限らない!

押しがけでエンジン始動が可能なのは、エンジンに故障がないという前提でのこと。エンジンにトラブルがあれば始動しない。また、バッテリーが完全にあがってしまうと押しがけは難しくなる。

ONE POINT

慣れないうちは誰かの手伝いや坂道を利用する!

大型バイクは車重があり転倒の危険が増す。慣れるまでは無理せず最初からバイクにまたがって下り坂を利用するか、誰かに押してもらう方法を取ろう。

走行中にエンジンが不調になる

走行中にパワーダウンするなど、エンジン不調になったバイクの点検方法だ。そのまま放置しておくと大きなトラブルに発展するかもしれないので、早期発見・処置を心がけよう!

エンジンの調子が悪い!?

START

症状1

アイドリングが**不安定**だ
走行中にエンジンの**吹け**が**悪くなった**

- チョークを戻し忘れている ▶対策 チョークを戻す
- プラグの不調&消耗、プラグコードの電気リーク ▶対策 P084、P152
- エアクリーナーの目詰まり、取り付け状態が悪い ▶対策 P068、P070、P155
- キャブレターのジョイント破損、クランプのゆるみ ▶対策 P155
- タンクキャップの通気穴(ブリーザー)&ホースの目詰まり ▶対策 P155

症状2

冷却水の
水温上昇
オーバーヒートした

- リザーバータンクの水量が足りない ▶対策 P155
- ラジエターの破損や目詰まりや汚れ ▶対策 P155
- ラジエターの冷却ファンが回っていない ▶対策 P155

エンジンオイル量が適正値より少ない、多い、劣化している ▶対策 P058

ウォーターポンプの不良
オイルポンプの故障
など

コンピューターの不良
キャブレター内部の目詰まりや摩耗
など

すぐバイク専門店に相談しよう!

症状1 アイドリングが不安定だ エンジンの吹けが悪くなった

エンジンが重い、燃費が悪くなったなど、エンジン不調を感じたらすぐ点検しよう。また、エンジンオイルには常に目配りしオイルが原因で起こる重大トラブルを回避すべし。

Check 1 エアクリーナーの目詰まりや取り付け部を点検する

エアクリーナーは、エンジンに供給される空気を濾過して耐久性を向上させる装置だ。目詰まりを起こすとガソリン濃度が上がり、燃費や吹け上がりが悪化する。定期清掃と交換は必需だ。

▶関連記事はP068、P070へ

Check 2 キャブレターのジョイントやクランプを点検する

キャブレターのジョイント(マニホールド)は絶えずエンジンの振動を受ける部品だ。やわらかい材質なので亀裂や、クランプネジのゆるみが起こる。そこから空気を吸うとエンジン不調を起こし、出力や耐久性が低化する。

Check 3 タンクキャップの通気穴(ブリーザー)や通気管(ブリーザーホース)を点検する

ガソリンタンクには小さな通気穴(ブリーザー)や通気管(ブリーザーホース)が設けられている。これはガソリンをスムーズに流すためのもの。タンクの内圧を調整する通気口で、塞がってしまうと高速走行でのエンジンの吹けが悪くなる。ガソリンを給油するときタンクキャップを開けて「ボンッ」と一気に空気を吸い込むような音がしたら、詰まりの可能性があるから点検しよう。

タンクキャップ付近の通気穴をチェック!

タンクキャップを開けて音を聞こう。頻発するトラブルではないが、タンクバッグでブリーザーを塞いでしまうという笑えないトラブルもある。

ブリーザーホースの詰まりに注意しよう

タンクを取り付けるときフレームとタンクの間に挟まぬように注意しよう。またタンクを起こした場合はホース内のガソリンが塞ぐ場合もある。

症状2 冷却水の水温上昇 オーバーヒートした

エンジンの発熱に対して、放熱量が足りないことが原因だ。何も問題がなくても、渋滞路で自然にオーバーヒートすることもある。

Check 1 ラジエターのリザーバータンクの水量を点検

エンジンが冷えた状態で、上限と下限ラインの範囲に冷却水がない場合は補填しよう。

▶詳しい方法はP066へ

Check 2 ラジエターに異常がないかチェックする

ラジエターのコア(冷却路)をチェックして汚れを点検しよう。汚れていたら清掃だ。

▶詳しくはP065へ

Check 3 ラジエターの冷却ファンが回っているか点検

ラジエター冷却用の電動ファンが回るか点検。始動して水温を上げファンの作動を確認する。

▶詳しくはP067へ

チューブレスタイヤのパンク修理

トラブル解決法

タイヤをはずさなくても修理できるチューブレスタイヤのパンク補修。
コンパクトな修理キットがあれば可能なので、ぜひ習得しておきたいメンテナンス項目だ。

チューブレスタイヤのパンク修理道具

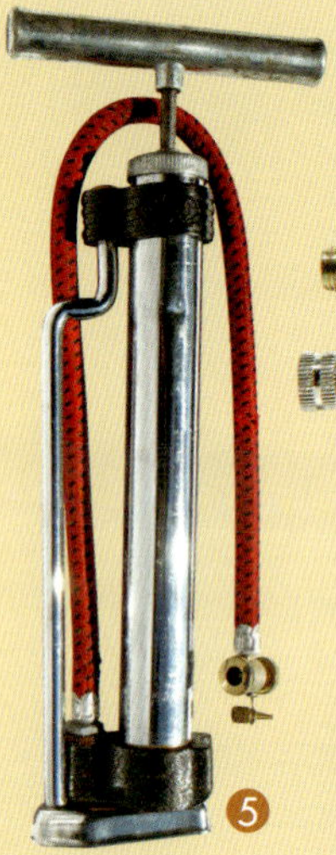

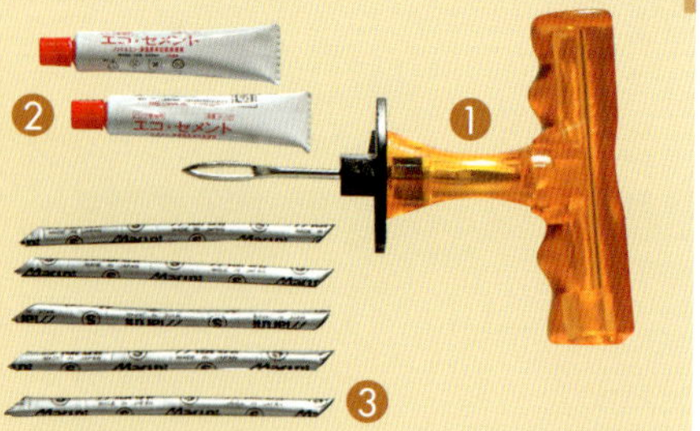

❶ 専用ツール
修理キットには何種類かあるが、ここではキリと針を差し替えて使うタイプを使っている。

❷ ラバーセメント（接着剤）
いわゆるゴムのりで、チューブレスタイヤ専用のり（修理キットに同梱）を使用すること。

❸ シール材
シール材（穴塞ぎ用ゴム）は、専用ツールに適応したもの（修理キットに同梱）を使おう。

❹ 携帯用エアボンベ（キット）
コンパクトなボンベで走行に最低限必要な空気圧を得ることができる。写真の炭酸ガスタイプがバイク用としては一般的だ。

❺ 携帯用エアポンプ
携帯型折り畳み式の空気入れ。軽量タイプなど様々なタイプがあるが、どれも大汗をかくのは共通しているようだ。自転車用は利用不可。

このように異物が残っていれば簡単だが……

01 タイヤに刺さった釘など異物を抜き取る

釘などの異物が抜けている場合は、空気を入れてから石鹸水をつけるか、顔を近づけて漏れてる箇所を探す。

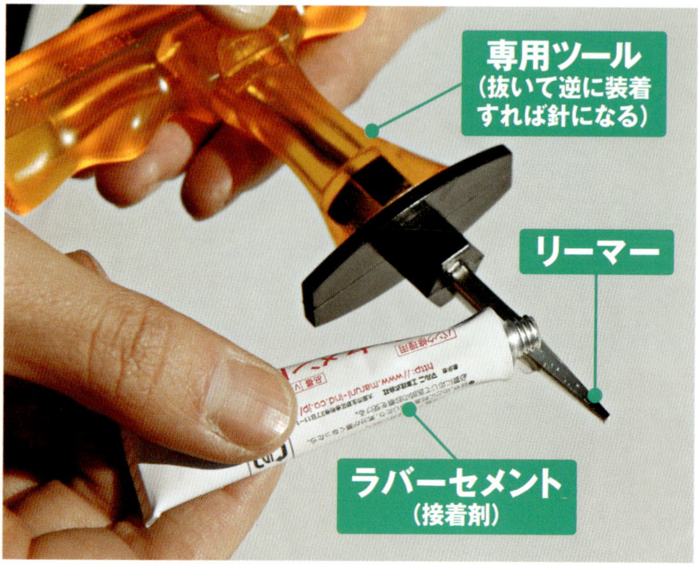

02 専用ツールのリーマー（キリ）にラバーセメント（接着剤）を塗る

専用工具の先端を差し替えて、リーマー（キリ状の工具）にする。そのキリに専用接着剤（ゴムのり）をたっぷりつけて穴に入れる準備。ゴムのりをたっぷり使うのが失敗しないコツだ。

03 パンクの穴にリーマーを差し込み、ぐりぐり回して整える

リーマーを穴に差し込み、シール材に合う大きさに穴を整える。この作業で穴にもゴムのりが付きシール材が密着しやすくなる。

04 専用ツールの針にシール材を通してラバーセメントを塗りつける

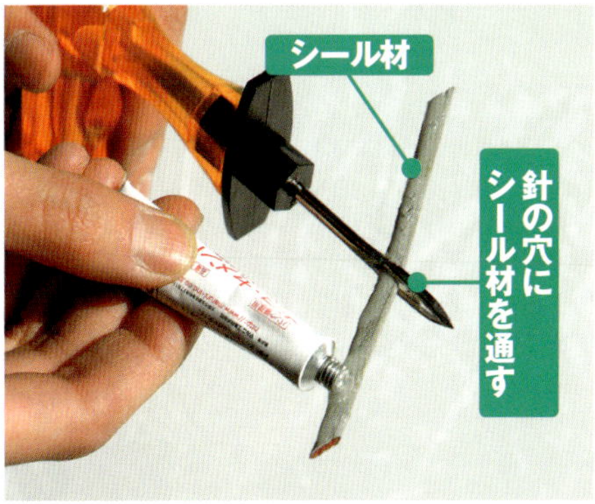
シール材
針の穴にシール材を通す

今回の修理キットは帯状のシール材を挿入するタイプ。太い針状の工具に先端を差し替え、シール材を装着してゴムのりを塗る。

05 シール材を装着した針をパンク穴にぎゅーっと差し込む

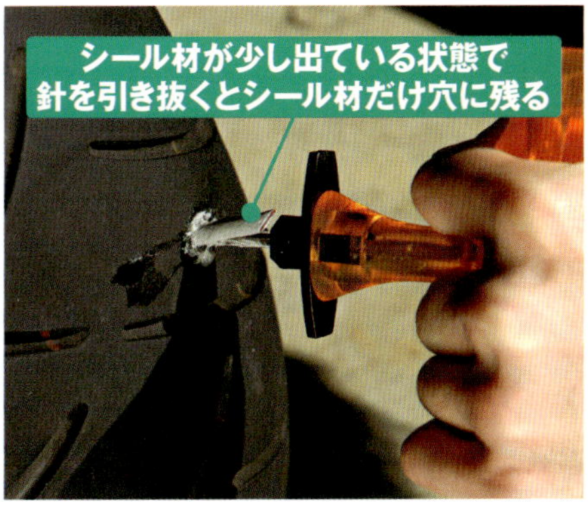
シール材が少し出ている状態で
針を引き抜くとシール材だけ穴に残る

シール材が完全に埋没する手前で引き抜こう。そうするとシール材がタイヤに残って、工具だけを引き抜ける。

06 パンクの穴に残ったシール材をカッターなどで数㎜残して切る

ここで飛び出したシール材をカットする。数㎜残してカットするのがコツだ。カッターを使用しよう。

パンク修理はこれで完了!

走ってタイヤ温度が上がればシール材が溶け、タイヤと同化し痕跡は目立たなくなる。

エアボンベかエアポンプを使って空気を入れよう!

これは簡単! 瞬間パンク修理剤

瞬間パンク修理剤は粘性のある溶剤と、少量の空気をタイヤに注入して穴を塞ぐしくみだ。うまく塞がりすぐ走行できれば問題ないが、失敗すると本修理が効かない場合もあり、そこが難点だ。

トラブル解決法

チューブタイヤのパンク修理

オフロードタイプなどのスポークホイール車には、チューブタイヤが多く採用されている。チューブレスより面倒だが、修理できるようになるとツーリングなど遠出をしても安心だ。

チューブタイヤのパンク修理道具

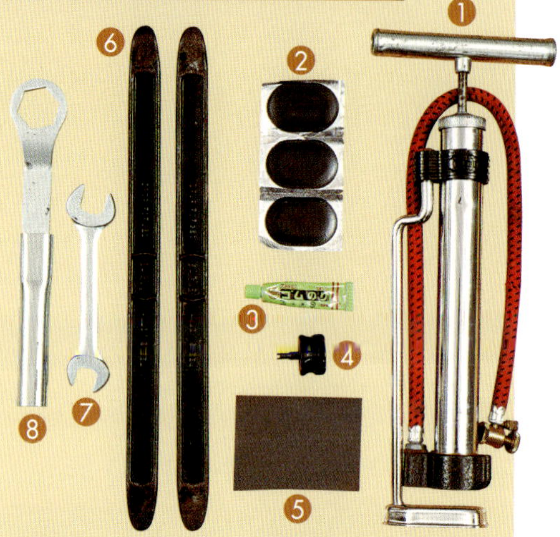

⑤サンドペーパー
パンク箇所の穴面を平滑にする。中目が好ましい。

⑥タイヤレバー
タイヤをはずす工具だ。長い方が使いやすい。

⑦両口スパナ
ここでの用途には車載工具のスパナでも充分だ。

⑧レンチ(アクスルシャフト用)
車載工具を使うが延長工具と組み合わせて使う。

①エアポンプ
写真は携帯用だ。操作性は大きなポンプが良好だ。

②パッチ
チューブ穴に貼るゴムパッチ。2輪用品店で購入。

③ゴムのり
パッチをチューブに貼る接着剤=ゴムのりだ。

④バルブ回し(ムシ回し)
チューブのムシ(空気入出バルブ)を回す工具。

01 アクスルシャフトをゆるめる

車載工具を使いアクスルシャフトをゆるめておく。まだナットをゆるめるだけで、はずす必要はない。

02 アジャストナットを最大にゆるめる

チェーンアジャスターのロックナットをゆるめたら、アジャストボルトを最大にゆるめておこう。

03 後輪を前方に押し出す

ここで後輪を最大限、前方に押し出そう。アクスルシャフトが完全にゆるんでいないと前に押し出せないから注意しよう。

04 チェーンをはずす

タイヤを前側に押し出したらチェーンはゆるゆるにたるんでいるはずだ。ここでチェーンをはずしてしまおう。

LINK
▶後輪のはずし方はP138へ
▶バルブのムシ回しはP143へ

05 アクスルシャフトを抜いてタイヤをはずそう

タイヤをホイールごと少し持ち上げながら、アクスルシャフトを抜こう。次にタイヤを後ろ側に押しながら車体と離す。

06 タイヤチューブのバルブを固定しているナットをはずす

タイヤに少し空気が残っている場合はムシ回しでムシ（バルブ）をはずし、空気を完全に抜いてから固定ナットをはずそう。

07 タイヤの周囲を踏みながら両サイドのビードを落とす

下側で床と接するブレーキ部品に傷つけないように踏みつける（布を敷いてもいい）。また、ソールが堅い靴を履くとうまくいく。

08 2本のタイヤレバーを使ってビードをリムの上に出す

テコの原理を応用してレバーでビードを出す。最初はバルブの対角側を踏み、バルブ付近からビードをはずすのが基本だ。

09 ビードが出たらタイヤレバー1本でほじり出していく

チューブをレバーで挟んで傷をつけないように注意しよう。もう1本のレバーをビードが落ちないように噛ましてもよい。

10 バルブのムシを抜いたらリムの内側へ押し込んでおく

ビードがすべてはずれたらバルブのムシをムシ回しで抜いてから押し込む。ホイールの裏側にゴムがある場合はズレに注意。

←次ページへ続く

11 バルブのところからチューブを引っ張り出していこう

最初にバルブ付近を引き出そう。このとき、バルブの位置とタイヤに相対マークをつけておくと、異物を探すのが簡単になる。

12 取り出したチューブにエアを入れ、パンク箇所を見つけよう

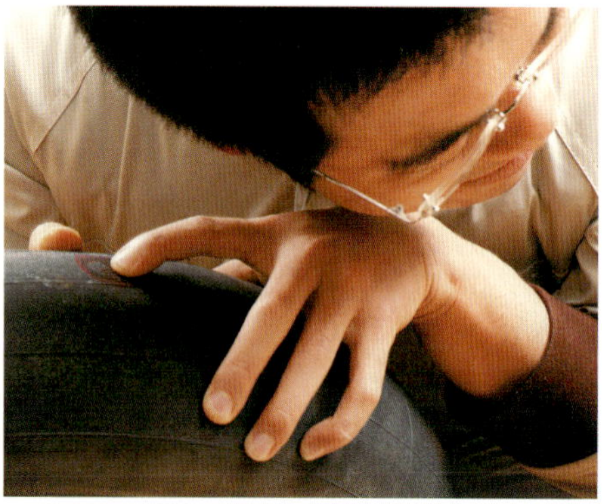

チューブがふくらんだ状態で穴を探すためバルブにムシを取り付け空気を入れよう。穴を見つけたら必ずマークしておくこと。

13 パンク箇所にあたるタイヤ内側部に異物が刺さってないか確認

チューブのバルブ位置とタイヤにつけたマークを目安に見当をつけて、手の甲を使い異物を探ろう。異物を見つけたら取り除く。

14 サンドペーパー（100番）でチューブの表面を平らにする

チューブ表面を平滑にすることと、油分を除去するのが目的だ。サンドペーパー（紙ヤスリ）は100番くらいの粗目がいい。

15 パッチより大きめにゴムのりを塗りつけて乾かしておく

こすって出た細かなカスを拭き取ったら、ゴムのりを塗る。パッチより少し広く薄く塗ろう。必ず5分ほど乾燥させること。

16 ハンマーやタイヤレバーなどでパッチを叩いてなじませる

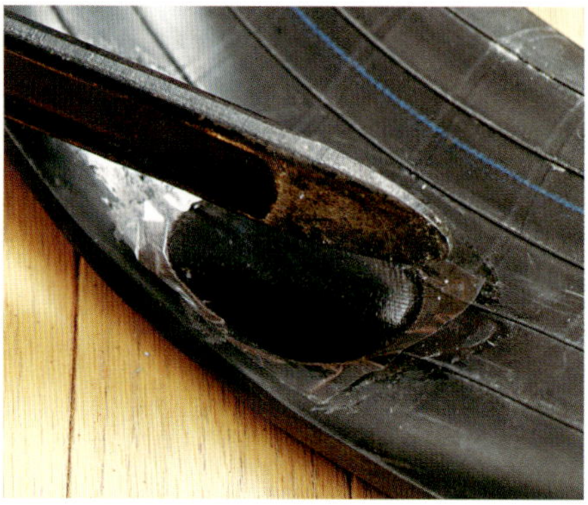

指先で触ってもゴムのりがつかない程度に乾燥したら、パッチの銀紙をはがして密着させ、空気を抜くように叩いておこう。

17 パッチのビニールをはがして石鹸水をつけエア漏れを点検

少し乾燥させてパッチのビニールをはがして取る。次はチューブに空気を入れて漏れのチェックだ。石鹸水を利用すると便利。

18 リムの穴にバルブを装着する。ムシを入れ忘れないように

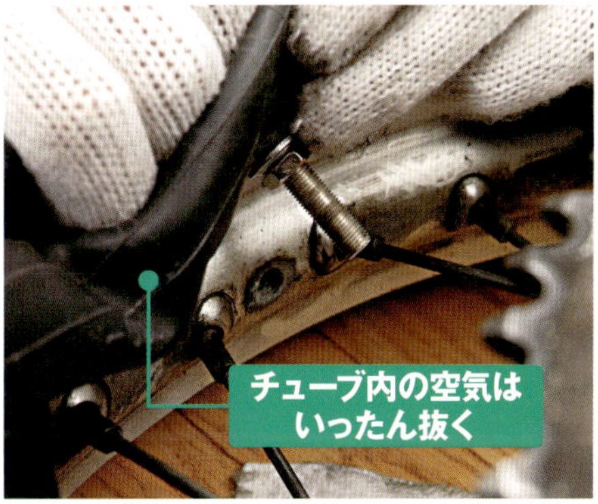
チューブ内の空気はいったん抜く

漏れがなければチューブをホイールに戻す。必ずバルブ位置からはじめよう。ハンドポンプの場合はここでムシを取り付ける。

19 リムの穴にバルブを通したらナットを仮り留めしよう

バルブがリムの内側に落ちないようにナットで仮留めする。完全に締めるのはあとの作業だ。あくまで仮留めにしておこう。

20 チューブのねじれ＆タイヤとリムの間にはさまぬよう注意！

チューブのねじれに注意しながら手でリムの内側にチューブを納めていく。タイヤのビードとリムにも挟まぬよう注意しよう。

21 足で踏みながらタイヤレバーでビードをリムに入れていく

タイヤレバーと足を使いながらリムにタイヤのビードを完全に納めよう。タイヤレバーでチューブを傷めることのないように！

22 エアを入れる。タイヤ接地面を床で叩きながら1回転させる

タイヤ接地面を床でトントン叩きながら1回転させ、ビードをなじませる。ビードに専用クリームや石鹸水を塗ると効果的だ。バルブ固定ナットを本締めする。

メンテナンスの工具を考える

車載工具は、その車種専用の工具がある程度は揃っており便利だが、やや信頼性に乏しい。メンテ用の工具は頻繁に使うので、信頼できるモノがいい。セット工具である必要はない。

車載工具のツール

❶プライヤー/つまんだり針金などの切断に使う。❷プラグレンチ/プラグをはずす工具(❹か❺と組み合わせる)。❸アクスルシャフト用レンチ/ナット専用(⓬と組み合わせる)。❹アクスルシャフトボルト側スパナ/ボルト押さえ用。❺スパナ/14mm・17mmナット用。❻スパナ/10mm・12mmナット用。❼スパナ/10mm・8mmナット用。❽スポーク回し/スポーク調整用スパナ。❾+ドライバー大/❿の柄と組み合わせる。❿+ドライバー小/反対側は−ドライバー。⓫収納袋/工具入れ。⓬延長工具/❸と組み合わせる。⓭6角レンチ/6角ネジ専用工具。

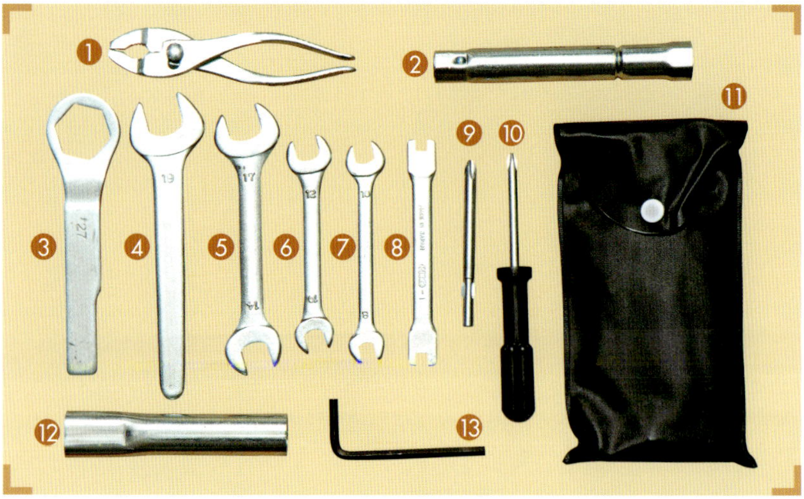

初心者ほど精度の高いツールが必要なわけ

　バイクに付属する車載工具の質は、年々低下しているのが現状だ。低価格帯のバイクには、申し訳程度の工具しか付属しないし、高級バイクでも一部の外国メーカーを除き、信頼できそうな車載工具は少ない。信頼できる工具を使うことは、それだけで整備の腕も上がったような錯覚に陥るほど点検整備には重要なことなのだ。

　もし工具購入の予定があるのなら、有名メーカーにこだわる必要はない。国産メーカーでも表面がミラー加工してある工具なら信用できる。なるべく専門店に出向き、品質が判らないときは店員さんに相談しよう。

　車載工具と同じ種類の工具を少しずつ上質にしながら、メガネレンチも車載と同じサイズで揃え、ドライバーも使いやすいモノを数サイズ揃えることからはじめよう。

　量販店などで格安に販売しているセット工具は精度が高くない。車載工具と同じような材質・精度であり、簡単にネジを破損させたり工具自体が壊れてしまう粗悪品が目につく。自分が必要とする工具を信頼できる品質で少しずつ揃えることが結果的に安上がりにつながるのだ。

ONE POINT

バイクにやさしいツールの使い方をマスターする!

当たり前のことだが、細いボルトは折れやすい。スパナは別名オープンレンチとも呼ばれているが、強い力が加わるとネジをくわえた部分が開く傾向がある。確実に作業するにはメガネレンチを主体に使い、絶対に締めすぎないように注意して作業しよう。ゆるめたときの力と同じ力で締めることが原則である。

小さいネジに強い力を加えてはならない。ネジが12mm以下の場合とくに加減して締める必要がある。とにかく締めすぎは破損につながる。

スパナは回す方向が決まっている(P056を参照)。また、上の写真は斜めにスパナを入れているが、これではナットをなめてしまう。

ツールを少しずつ揃えて、正しい使い方をマスターしよう!

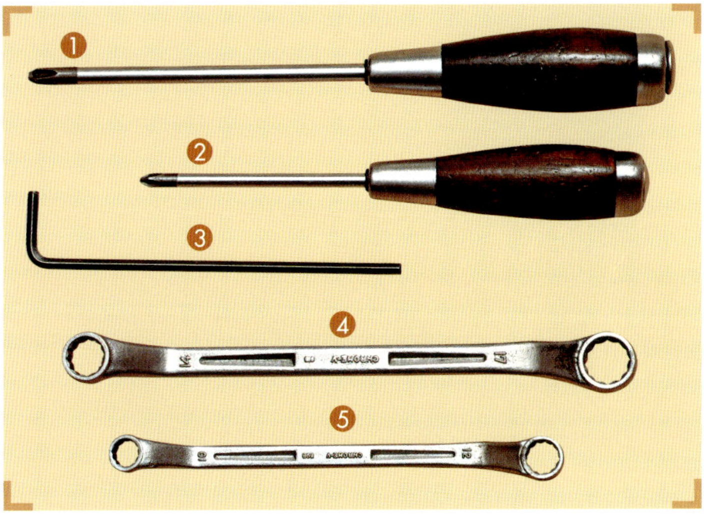

最初に揃えたいツール

車載工具の中で使用頻度の高い工具を、使いやすい工具に交換していくのが基本。まず、1番と呼ぶ、大きめの+ドライバーと、3番と呼ぶ中くらいの+ドライバー。さらに10・12mmと14・17mmのメガネレンチ。大きなトルクがかかるロング6角レンチの購入をおすすめする。

① 1番の貫通式プラスドライバー
大きな+ドライバーだ。貫通式が使いやすい。

② 3番の貫通式プラスドライバー
中くらいの+ドライバー。これも貫通式がいい。

③ 6角レンチ(ヘキサゴンレンチ)
6角ネジを強いトルクでゆるめるロングタイプ。

④⑤ メガネレンチ
このサイズを多用するからぜひ購入しよう。

ツールの正しい使い方 ●貫通ドライバー

固着したネジを叩いてゆるめる
固着したネジはショックを与えるとゆるみやすくなる。ゆるむ方(左)にねじりながらハンマーで叩こう。

ネジに合わせて番数を使い分ける
ドライバーはネジのサイズに合わせて使おう。写真のようにドライバーをそれぞれ適合するネジに合わせる。

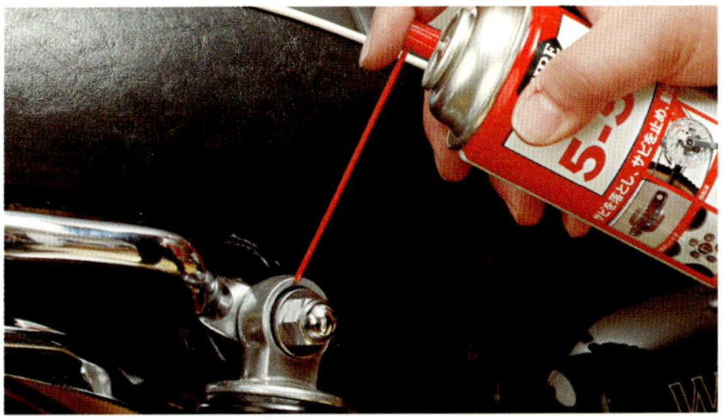

ケミカル系の保護潤滑剤を併用
固着したネジを回すときは潤滑剤のCRC5-56を吹きかけて5分間ほど待ってからゆるめるのもよい方法だ。

回す力より押し付ける力を強く
ドライバーは回す工具だが、6対4で押す力が多くなるように使おう。押す力が弱いとネジを破損する。

日常メンテナンスでいつか役立つ各種レンチ

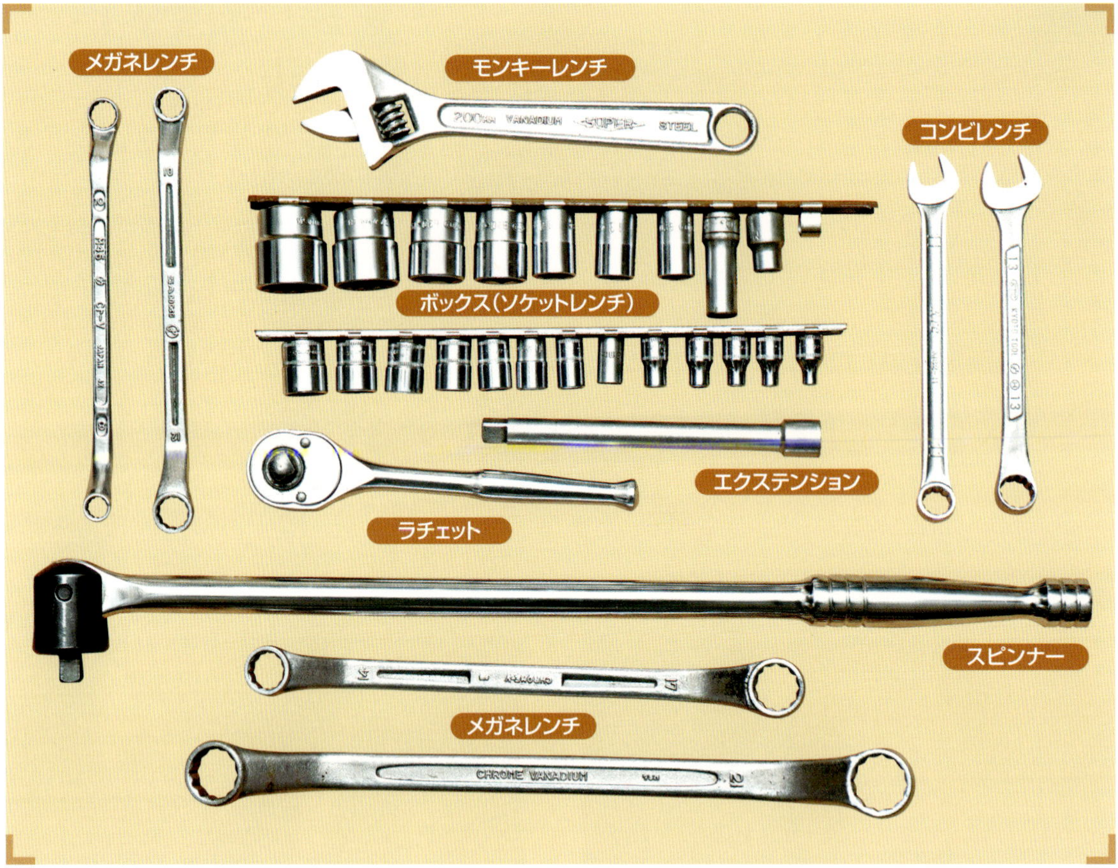

ここにあげた工具は、あれば便利に違いないが、初心者が持っていても活用しきれない工具も含まれている。知識として知っておいて、随時、自分が必要だと感じたときに購入すればいいだろう。だが、メンテナンス技術が向上したら必ず欲しくなる工具だ。

ツールを使い分ける ●各種レンチ

メガネレンチ

多用するサイズはすでに紹介したが、余裕があればさらに小さなサイズと大きなサイズを持っていると重宝する。バイクのメンテナンスでおすすめサイズは、6mm・8mmの組み合わせと、19mm・21mmの組み合わせだ。もちろん、もっと大きなサイズも揃えると便利だろう。自分のバイクに合わせて使えるサイズを購入すれば、無駄がなくて経済的だ。

コンビレンチ

これは特殊サイズのレンチとして使っている。片側がスパナと同じオープンで、反対側がメガネレンチと同じクローズタイプだ。使用頻度が低いので、必ずしも必要なわけではない。

モンキーレンチ

大雑把に回すナットや供回りを押さえる程度に使う。使用頻度は低いがサイズが自在なので便利。1丁は持っていたい工具だ。

ラチェット

ハンドルを振るだけでナットやボルトを締めたりゆるめたりできる工具。作業効率が飛躍的に向上するから、少しメンテナンスに慣れたら揃えたい。先端にボックスや6角レンチを取り付けて使用できる。ひとつあるととても便利なのだ。

ボックス(ソケットレンチ)

ハンドルに差し込んで使う。バリエーションが豊富で、普通のレンチが扱いにくい箇所でも使えたりと便利な工具だ。少しずつ買い足したら「こんなに揃った」というベテランも多いはずだ。中が6角と12角があり、それぞれロングと標準タイプがある。

エクステンション

ラチェットなどとボックスレンチをつなぐ延長工具。

スピンナー

ボックスレンチと組み合わせて使うが、長いのは上級向け工具。

レンチを自由自在に使いこなす——その❶

ツールを使いこなす ●メガネレンチ

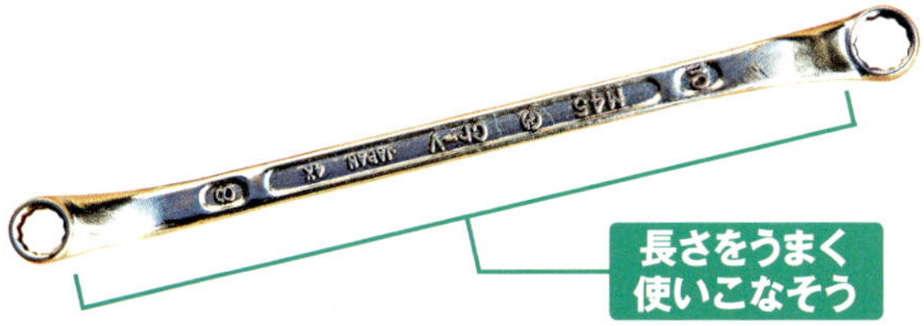
長さをうまく
使いこなそう

しっかり締めるときは取っ手を長く持つ

12mm以上のネジで必要があれば柄を長く持ち、しっかりと締めつけよう。写真のようなブレーキ関係は、ゆるめたときの力加減を記憶しておき、同じ力で締めつけることがとても重要になってくる。

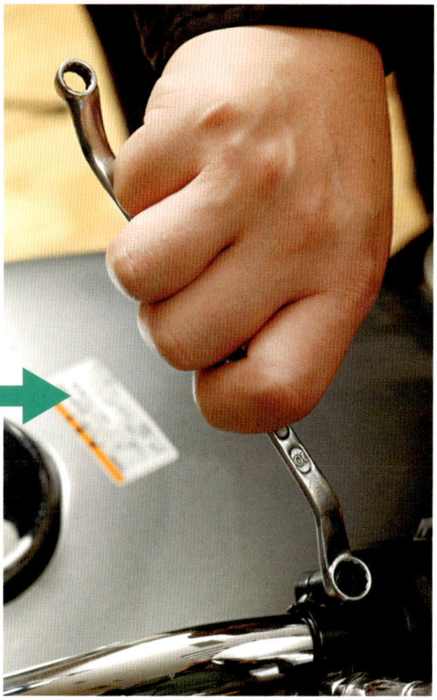

締めすぎ防止に取っ手を短く持つ

とくに10㎜以下のナットやボルトを締めるときは要注意。渾身の力で締めるなんて暴挙は禁物だ！ 柄を短く持ってトルクを加減しながら作業するのが鉄則だ。

ツールを使いこなす ●ボックス&スピンナー

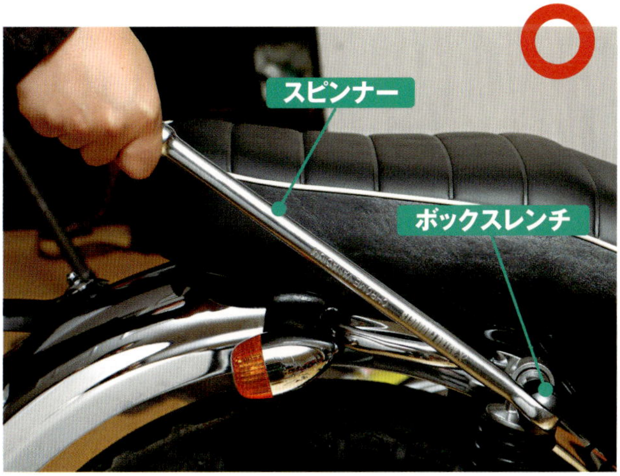
スピンナー
ボックスレンチ

しっかり締まってるネジは専用ツールではずす

このようなリアサスの締めつけトルクはとても強い。スパナなどで無理をせず、ボックスレンチと長いスピンナーの組み合わせで確実に作業しよう。

重要パーツのボルトを
車載工具ではずすと危険

車載工具では容易にはずせないネジもある

大きなサイズのネジでなおかつ重要部品は、強く締まっており車載工具のスパナでは、まずゆるまないと思って間違いない。

できれば揃えて役立てたいツール

あると便利なツール ●各種ドライバー

ここにあげた＋ドライバーと同じように、－ドライバーにも種類があるが、バイクメンテナンスでは＋ドライバーを多用するので優先順位は＋ドライバーが上だ。どうせ買うなら貫通ドライバーがよい。

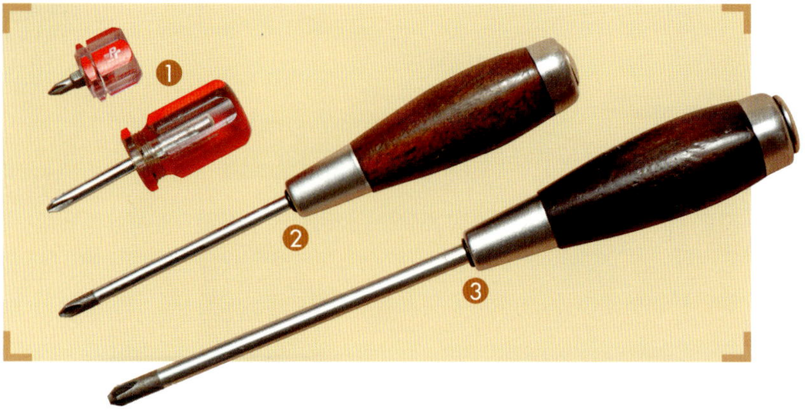

❶スタッピードライバー／両方とも狭い場所で使うドライバーだが、ミニは超狭い場所用だ。❷3番の貫通＋ドライバー／多用するサイズだ。❸1番の貫通＋ドライバー／貫通とは先端から握り後部まで芯が1本につながっているドライバーのこと。

あると便利なツール ●6角レンチ（ヘキサゴンレンチ）

6角レンチは小さな工具が多く、トルク不足からネジを破損することも多い。しかしこのようなソケットタイプの6角レンチを使うと長いスピンナーと組み合わせ、確実な作業が可能になる。

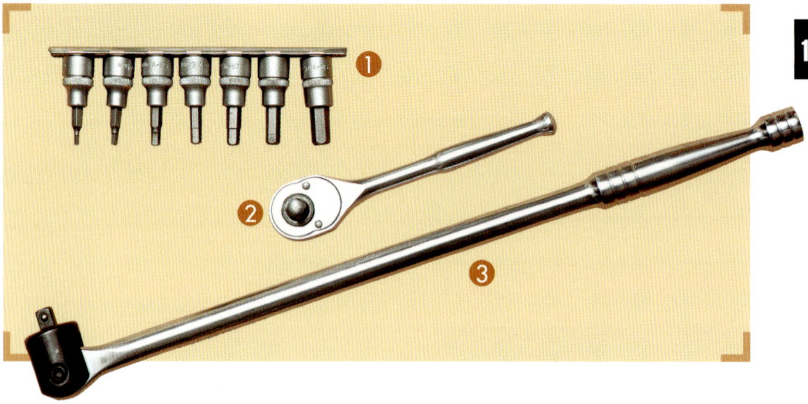

❶6角レンチのソケットセット／各種サイズが揃ってバイクメンテナンスなら不自由しない。❷ラチェットレンチ／ソケットタイプの6角レンチと組み合わせて使う。❸ロングスピンナー／ソケットと組んで使うが最初のゆるめと最後の締めに向いている。

あると便利なツール ●プラグレンチ

プラグには2種類のサイズがある。自分の愛車に合ったサイズと形状のプラグレンチをひとつ持っていると便利だろう。愛車に好適なサイズと形状は車載工具のプラグレンチから推測すれば間違いない。

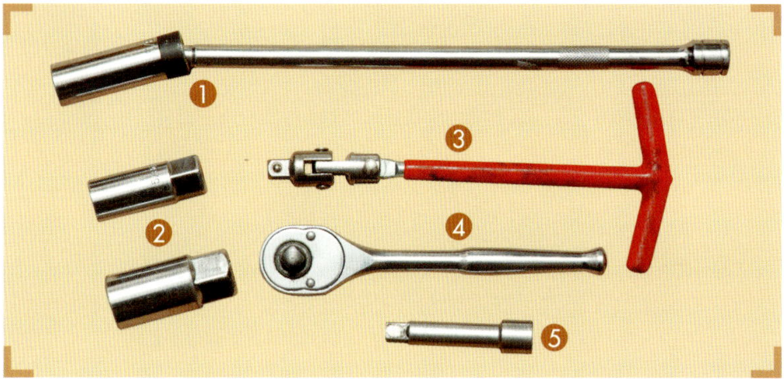

❶ロングプラグレンチ／プラグの取り付け位置がエンジン奥にある場合使う。❷プラグレンチ大と小／プラグの大きさはこの2種類ある。❸❹❺と組み合わせて使う。❸ユニバーサルレンチ／❷と組み合わせて使う。❹ラチェットレンチ／❷と組み合わせて使う。❺エクステンション／延長工具。

レンチを自由自在に使いこなす——その②

ツールを使いこなす ●ラチェット&ボックス

作業効率を飛躍的に高めるのがラチェットレンチだ。様々なサイズのボックスレンチと組み合わせて使えるから、ひとつあると便利なのは間違いない。

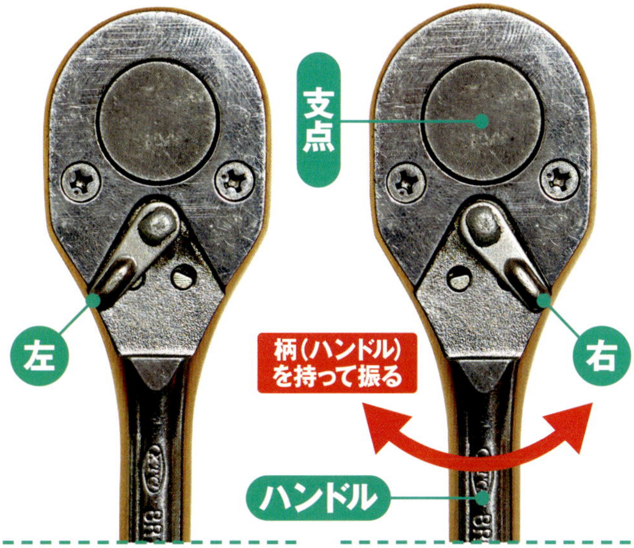

ゆるめるとき使う位置で、こうすればレンチを振るだけでゆるめることが可能だが、最初1発目の強いトルクはかけないのが正しい使い方だ。

締めるとき使う位置。振れば締めつけでき(ゆるめる方向だけ空回りしてくれる)作業効率は高いが、最後の強い締めには使わないのが基本。

ネジの紛失を防ぐ ●マグネットトレイ

これは磁石を備えた小皿だ。はずしたネジやナットはついどこかにいってしまい、探す時間も相当なものになる。これがあると確実にお皿の中にあるので、安心してメンテナンス作業ができるのだ。200円くらいで購入できるモノもある。

Step up!

ステアリングやサスペンションの調整用に入手したい!「ステアリングステムレンチ」

使用頻度が低い工具だ。また多少の傷を覚悟なら、−ドライバーとハンマーで代用も可能な工具といえる。しかしサスのセッティングなど頻繁に調整したい場合は持っていると便利な工具なのだ。

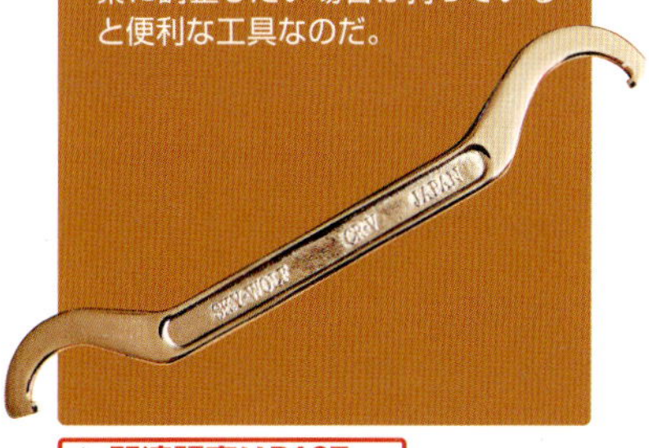

▶関連記事はP107へ

Column for BEGINNER

プロフェッショナルからのアドバイス

語り手●バイクショップ［HOT-1］の店長、伊東さん●TEL 045-811-8208　（撮影＝稲場和人）

プロの本音を聞いてみた！

「ユーザーがメンテナンスの知識を持つことはバイク屋にとって不利益なことだと思うかもしれませんが、修理のプロからみてもユーザーの皆さんにはある程度のメカ知識を持って欲しいと願っています」

「私のバイクショップに修理を依頼されるお客さんの中には、バイクが完全に息の根を止めてから持ち込まれる人がいます。完全に故障し大きなダメージを負ったバイクの修理は多くの部品と時間を必要とします。これでは修理代金も高額になりお客さんの立場を考えると請求しにくいこともしばしばで、損を覚悟しなければならないこともあるのです」

「私達プロは短時間に効率よく修理して、お客さんの経済的負担を軽くするよう努力していますが、重傷のバイク修理には、どうしても時間が必要になるのです」

「ユーザーの皆さんが、日常点検を実行して少しでも異常を感じたら、早めに相談してくれることを願っています。さらに、必要があれば修理すればいいのです。お互いの費用と時間を節約しましょう」

ビギナーのための

バイクのメカニズム基礎講座

エンジンで発生した動力は、どうやってリアタイヤに伝わるのだろうか？
基本的なしくみを知っておけばメンテナンスがもっと楽しくなる！

Motorcycle Mechanism
basic knowlege
for beginner

エンジンの燃焼と動力がリアタイヤに伝わるまでの流れ！

エンジンのしくみ＆動力の伝わり方

ガソリンが燃えてエンジンが回り、バイクが走ることは皆さん承知のことだと思う。ここではガソリンが生み出したパワー（馬力）がどのようにタイヤにまで伝わるのかを簡単におさらいしておこう。

燃焼と動力の伝達

言葉に置き換えるとこうなる。空気→エアクリーナー→キャブレター（ここでガソリンと混合される）→シリンダー内で爆発燃焼→ピストンの上下運動→コンロッドを介してクランクシャフト（ここで回転運動になる）→クラッチ→メインシャフト→トランスミッション→ドライブスプロケット→チェーン→ドリブンスプロケット→リアタイヤ→地面を蹴り走る。

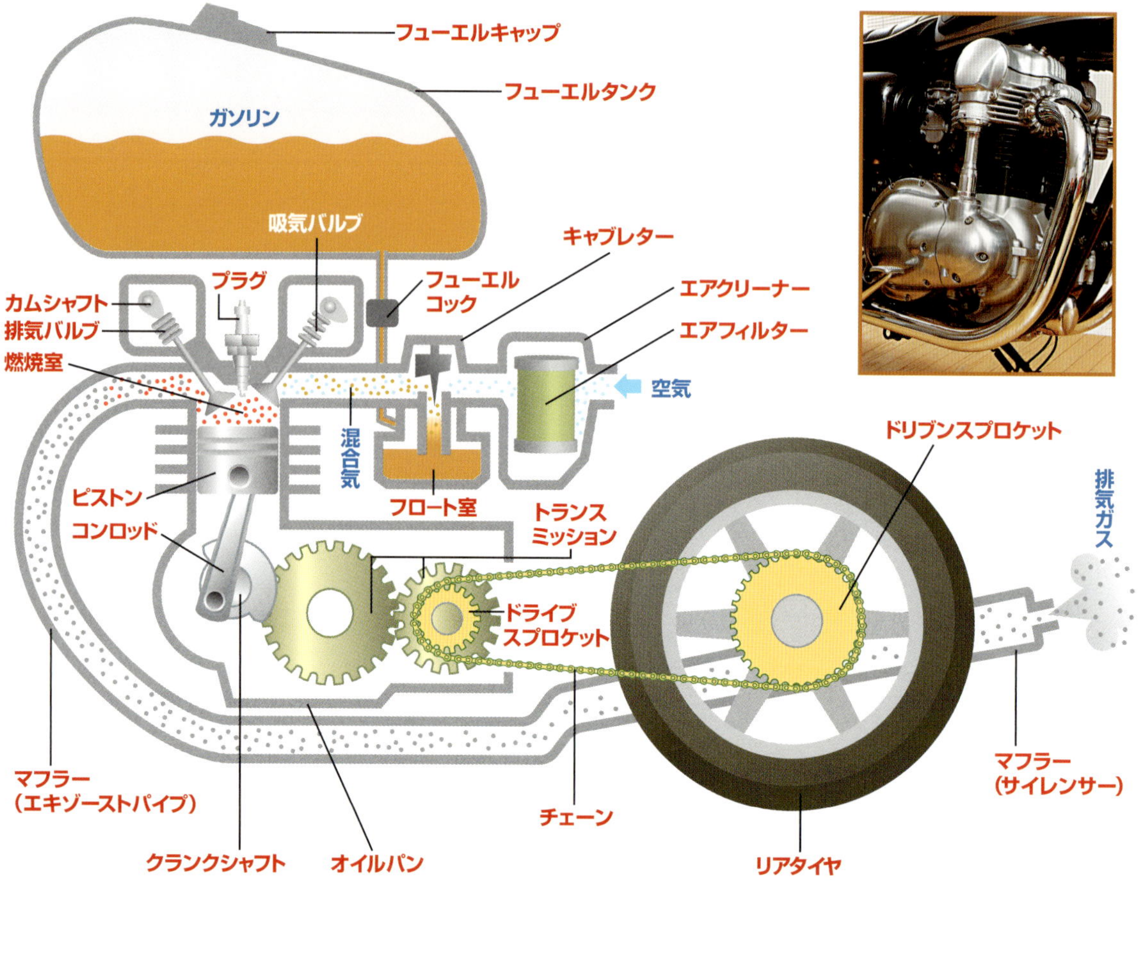

エンジンが動くしくみ

まずキャブレターで空気とガソリンの混合気ができる。この混合気が吸気バルブからエンジンの燃焼室に吸い込まれると吸気バルブが閉じる。次にピストンの上昇で圧縮され、頂上付近に来たときプラグの働きで点火され混合気が爆発・燃焼する。この爆発力でピストンが押し下げられ、コンロッドからクランクシャフトを介して上下運動が回転運動になる。さらに惰性でピストンが上昇すると排気バルブが開き燃焼した燃えカス（排気ガス）が排出される。そしてピストンが下がるときに再び混合気を吸い込む。この一連の運動を繰り返してエンジンは回り続けるのだ。

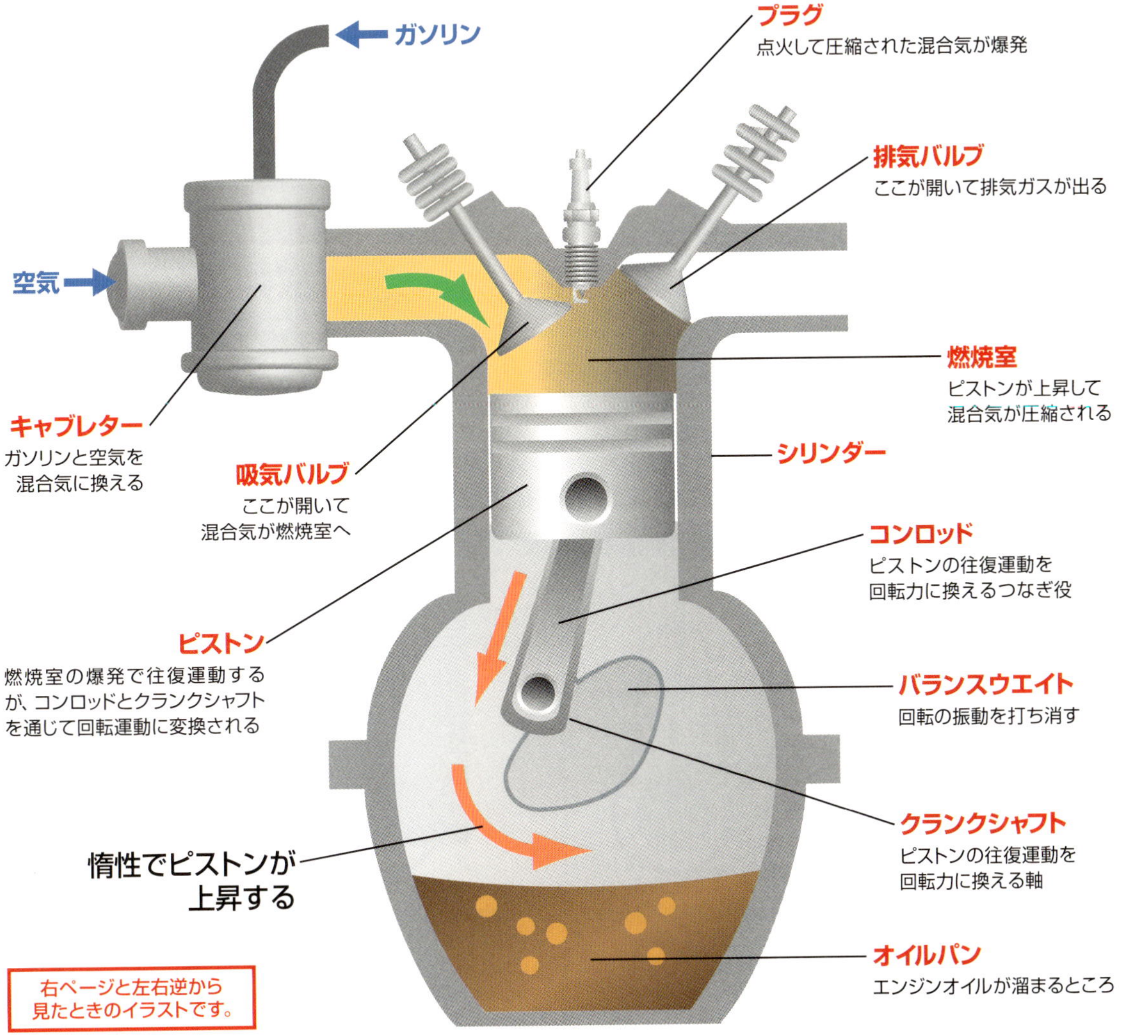
ガソリン
プラグ
点火して圧縮された混合気が爆発
排気バルブ
ここが開いて排気ガスが出る
空気
燃焼室
ピストンが上昇して
混合気が圧縮される
キャブレター
ガソリンと空気を
混合気に換える
シリンダー
吸気バルブ
ここが開いて
混合気が燃焼室へ
コンロッド
ピストンの往復運動を
回転力に換えるつなぎ役
ピストン
燃焼室の爆発で往復運動するが、コンロッドとクランクシャフトを通じて回転運動に変換される
バランスウエイト
回転の振動を打ち消す
クランクシャフト
ピストンの往復運動を
回転力に換える軸
惰性でピストンが
上昇する
オイルパン
エンジンオイルが溜まるところ

右ページと左右逆から見たときのイラストです。

たくさんのギアでパワーを制御する駆動系メカニズムを見てみよう!

ドライブシステムのしくみ

エンジンパワーを必要に応じてタイヤに伝えたり、切ったりするのがクラッチ。またエンジンパワーを効率よくタイヤに伝えるのがミッションの役割だ。ここで簡単に仕組みをみておこう。

クラッチの役割り

エンジンから発生したパワーが、常時タイヤに伝わっていたらバイクが停止すると同時にエンジンも停止してしまうだろう。また始動はいつも押しがけ!　これでは困るし変速もスムーズにできないこともある。こういった使用上困る原因をなくすためにクラッチは存在する。エンジンパワーを必用に応じて断続させ、タイヤに伝えたり切断する役割りを担いバイクを扱いやすくしているのだ。

クラッチの構造

クラッチケースには複数の円盤(プレートとディスク)があり、クランクシャフトにつながっている。クラッチレバーを放した状態ではスプリングの力でクラッチはクランクシャフトの回転と連動してパワーを伝えるがクラッチレバーを握るとクランクシャフトの回転運動とクラッチは切り離される。これでパワーの伝達が遮断される。なお、半クラッチとはクラッチディスクが若干すれる状態のこと。

ミッションの役割り

毎分数千回転で回っているエンジン。このエンジン回転をそのままタイヤに伝えたらタイヤは凄まじい回転をしてしまい大変なことになる。さらにバイクを走らせるだけのトルクが得られず、走ることができない。
そこでエンジンの回転数を複数のギアを使って減速(低回転化)し、同時にトルクも増幅させる役割りを受け持つのがミッションである。通常のバイクには5速から6速のギアがあり1速が低速用(発進用に高トルクを得るがタイヤの回転数は落とすギア)だ。2、3、4、5、6、と数が増えるにしたがって回転トルクは少なくなるが、タイヤに伝える回転は速くなり、高速に対応するギアになっている。
エンジンの出力特性に応じてギアを使い分け、エンジンを効率よく使おう。

クラッチの構造

(切れたときとつながったとき)

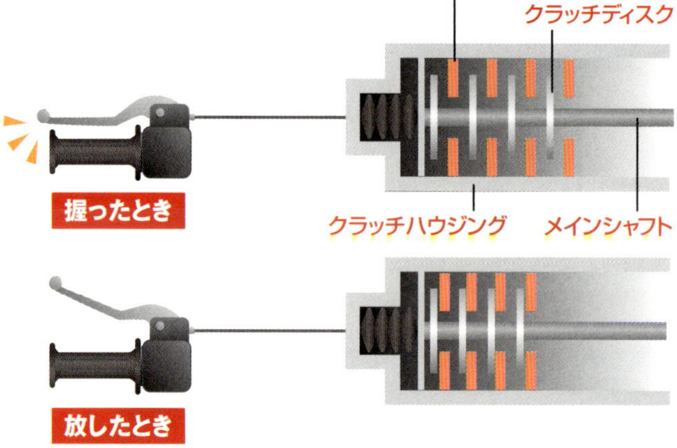

ミッションのしくみ

(1速から2速へ)

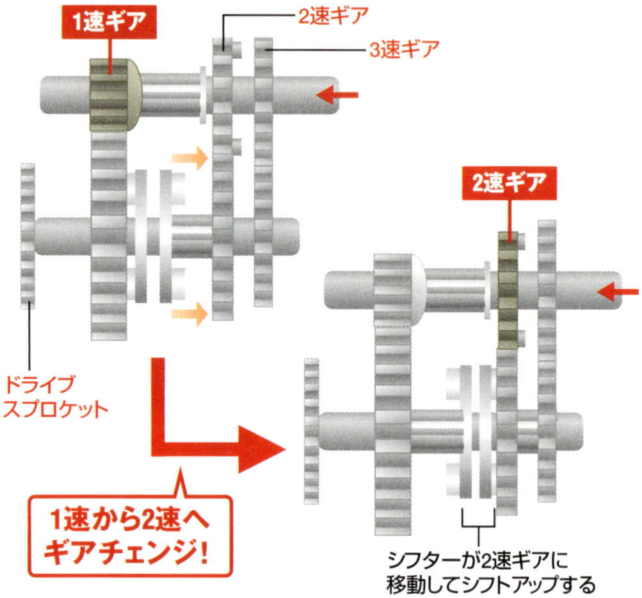

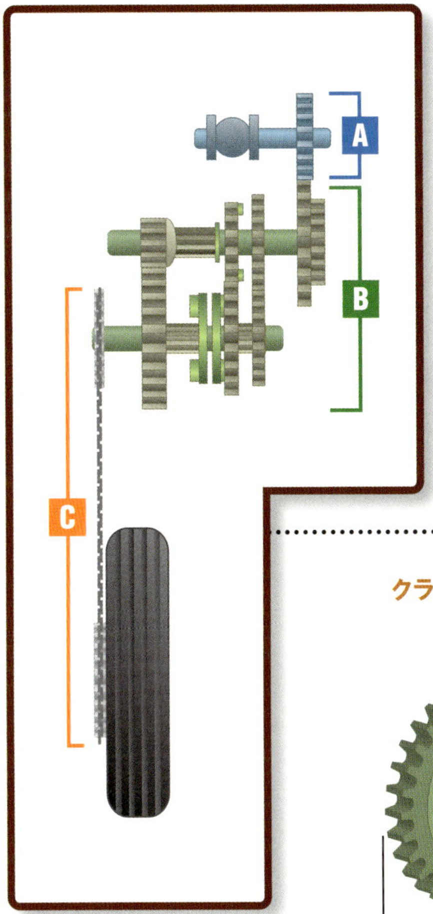

A クランクシャフト周辺

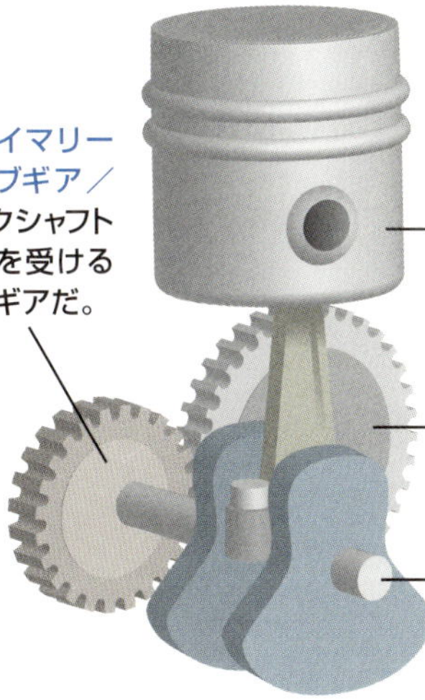
❸プライマリードライブギア／クランクシャフトの回転を受ける最初のギアだ。
❶ピストン／往復運動がコンロッドを介してクランクシャフトに伝わる。
❹クラッチ／❸の力を切ったりつないだりする。
❷クランクシャフト／ピストンの往復運動を回転運動に換える。

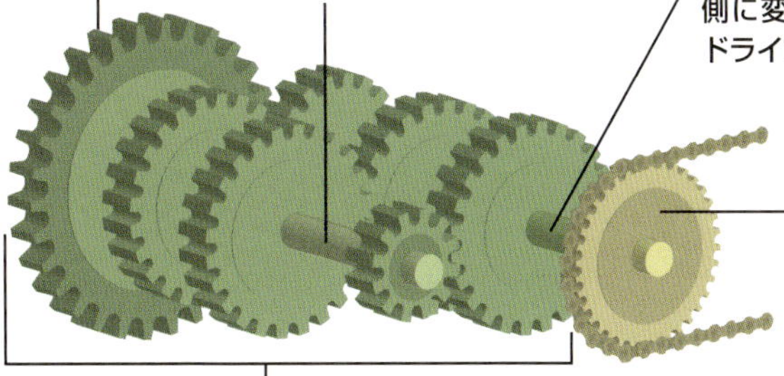
クラッチ機構
❺メインシャフト／❹から伝わる回転速度を減速しつつトルクを増す。
❻ドライブシャフト／こちら側に変速ギアが並ぶ。またドライブ機構につながる。
ドライブスプロケット

B トランスミッション

C ドライブ機構

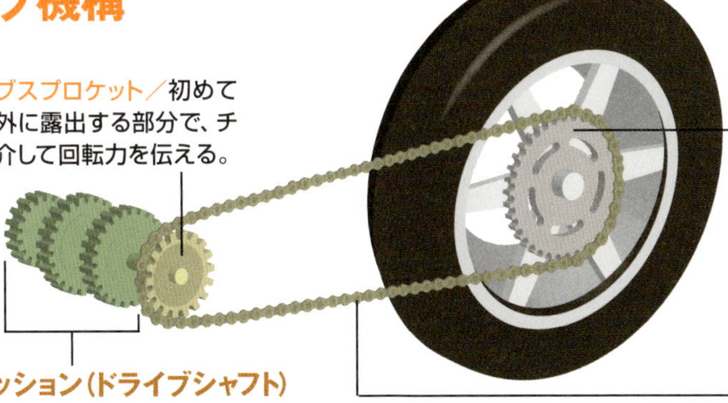
❼ドライブスプロケット／初めてエンジン外に露出する部分で、チェーンを介して回転力を伝える。
❾ドリブンスプロケット／回転力をリアタイヤに伝える。
❽チェーン／正式にはドライブチェーン。
トランスミッション（ドライブシャフト）

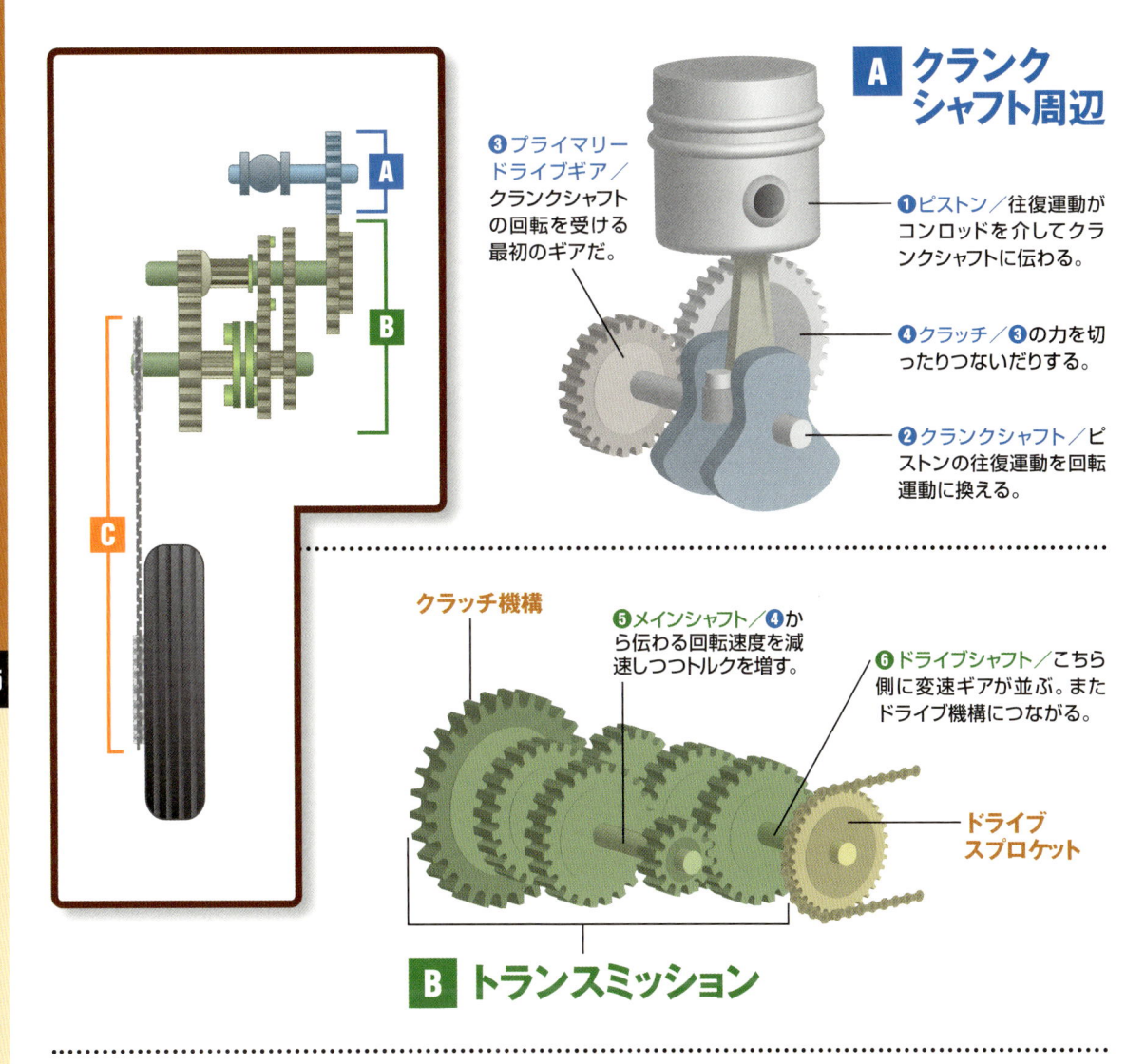

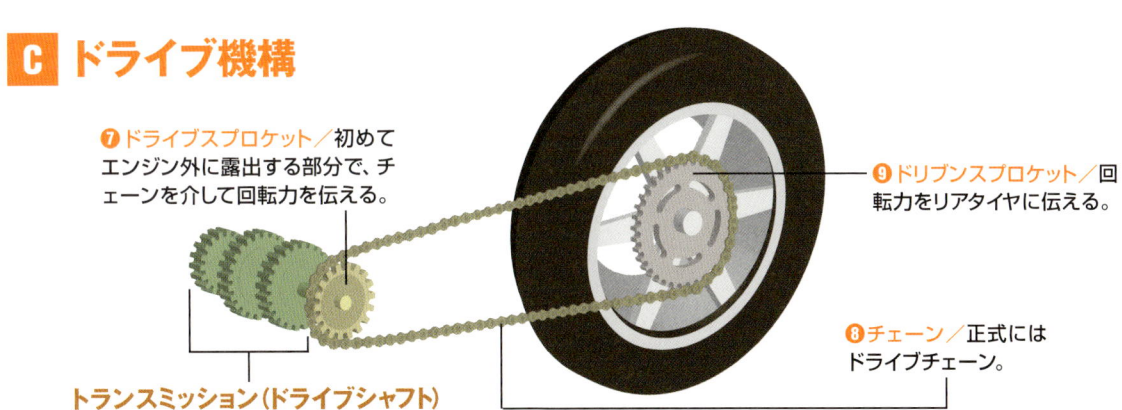

写真・文●太田 潤
デザイン●スティールヘッド／松本 鋼　岡 健司　上原陽子
編集●秋元編集事務所
イラスト●岡本倫幸
撮影助手●関野 温
取材協力●本田技研工業　カワサキモータースジャパン

はじめてでもできる

バイク・メンテナンス&洗車 最新マニュアル

2008年7月24日　初版発行
2022年11月15日　22版発行

著者●太田 潤
発行者●鈴木伸也
発行所●株式会社　大泉書店
〒105-0004　東京都港区新橋 5-27-1
新橋パークプレイス2F
TEL 03-5577-4290(代)　FAX 03-5577-4296
URL http://www.oizumishoten.co.jp
振替●00140-7-1742
印刷●ラン印刷社
製本●明光社

© 2008 JUN OTA
printed in japan
ISBN978-4-278-06019-5　C0065

落丁・乱丁本は小社でお取替えいたします。
本書についてのご質問はハガキかFAXでお願いいたします。